辣椒保护地栽培

（第 2 版）

主　编

陈杏禹

副主编

吴国兴

编著者

那伟民　邢　宇　乔　军

冯　彤　赵铁合

金盾出版社

内 容 提 要

　　本书由保护地园艺专家编著与修订。编著者根据近年来辣椒保护地栽培技术的发展、辣椒新品种的涌现和农药的新旧换代,对原书内容进行了全面修订。全书内容包括:保护地设施,辣椒的品种类型和生育规律,保护地辣椒茬口安排、品种选择、育苗定植、田间管理、收获和病虫害防治。本书较系统全面地介绍了辣椒保护地栽培的成功技术和经验,文字表述通俗简练,内容突出实用,适合广大菜农和基层农业技术人员阅读参考。

图书在版编目(CIP)数据

辣椒保护地栽培/陈杏禹主编 . —2 版 . —北京:金盾出版社,2010.2
　ISBN 978-7-5082-6141-6

　Ⅰ.①辣… 　Ⅱ.①陈… 　Ⅲ.①辣椒—保护地栽培 　Ⅳ.①S641.3

中国版本图书馆 CIP 数据核字(2009)第 233945 号

金盾出版社出版、总发行

北京太平路 5 号(地铁万寿路站往南)
邮政编码:100036 　电话:68214039 　83219215
传真:68276683 　网址:www.jdcbs.cn
封面印刷:北京印刷一厂
彩页正文印刷:北京天宇星印刷厂
装订:北京天宇星印刷厂
各地新华书店经销
开本:787×1092 1/32 　印张:6.625 　彩页:4 　字数:142 千字
2010 年 2 月第 2 版第 7 次印刷
印数:52 001~65 000 册 　定价:10.00 元

再版前言

　　《辣椒保护地栽培》自 2001 年 6 月出版发行以来,已经 6 次印刷,发行 52 000 册,受到广大读者欢迎。近年来随着社会经济的发展,蔬菜反季节栽培技术也不断地提高。新的栽培技术、科研成果和高产高效益典型大量涌现,本书初版的内容有的已经很难适应新形势的需要。为此,调整了编著人员,将内容重新编排和增添,进行全面的修订。

　　修订版的《辣椒保护地栽培》,力求反映最新科研成果和高产典型经验。以实用技术为重点,内容注重实际,理论贴近生产,深入浅出,系统完整,重点突出。表述通俗简练,浅显易懂,农民朋友读了能懂,照着做能有效益。

　　本书修订时参考了有关学者、专家的著作资料,在此表示感谢! 由于水平所限,书中错误和不当之处在所难免,敬请批评指正。

编 著 者

目　录

第一章 保护地设施

我国幅员广大,地域辽阔,从海南岛到黑龙江,跨越热、温、寒带,气候差异极为明显。北方冬季漫长,无霜期短;南方则夏天炎热,暴雨、强光,都限制了种植生产的进行。尤其是辣椒,作为大众化的喜温性果菜类蔬菜,全国各地都进行栽培。但是,辣椒对环境条件要求比较严格,不论南方北方,露地适合辣椒生长发育的时间都比较短。仅靠露地栽培,生产的季节性和消费的均衡性都很难解决,并且由于产量很低,严重影响经济效益和社会效益。所以辣椒栽培,必须具有保护地设施,才能满足生长发育条件,获得优质高产,实现周年均衡供应。

保护地设施是人为地创造条件,改变局部小气候,北方保温防寒,南方遮阳防雨。保护地设施配套,从辣椒提早、延晚栽培,到周年生产的实现,统称辣椒保护地栽培,也叫辣椒反季节栽培。

一、简易保护地设施

(一)地膜覆盖

我国农业自古以来就有利用有机肥、草和农作物秸秆覆盖地面进行保护栽培的技术。20 世纪 70 年代,由日本引进地膜覆盖栽培技术及制造地膜工艺技术,在覆盖技术方面有所创新,称为改良地膜覆盖。辣椒等喜温蔬菜,可在终霜前定植,进一步提高早熟效果(图 1-1,图 1-2)。

图 1-1　近地面覆盖示意图

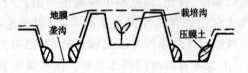

图 1-2　高畦沟栽地膜覆盖示意图

辣椒栽培普遍应用地膜覆盖,其效应表现在以下几个方面。

1. 增加地温　透明地膜覆盖能提高地温。据测试,0～20 厘米深的地温,日平均温度可提高 3℃～6℃。但不同天气,不同覆盖方式,增温效果不同,晴天增温多,阴天增温少,高垄、高畦增温多,平畦增温少。

2. 改善光照条件　由于地膜和地膜下表面附着水滴的反射作用,可使近地面的反射光和散射光增强 50%～70%,提高作物光合作用,促进生长发育。

3. 防止肥水流失　可防止大雨造成的地面径流,避免肥水流失,提高土壤养分与肥料施肥的利用率,相对节省肥料。

4. 保水作用　地膜封闭了地面,不但减少了水分蒸发,还促进土壤深层毛细管水向上运动,水分在地膜下形成内循环,使深层水分在上层累积,气化的土壤水分在地膜内表面凝结成水滴,被土壤吸收,所以具有保水作用。地膜覆盖不但能减少浇水量,在雨季还有排水和防涝的作用。

5. 优化土壤理化性状 地膜覆盖下的土壤,能始终保持疏松状态,土壤微生物活动加强,有机肥分解快,可提高土壤养分与肥料的利用率。

6. 减轻病虫草害 覆盖地膜能防止借风雨传播的病害和部分虫害。如覆盖银灰色地膜有避蚜作用,可防止蚜虫引起的病毒病。

(二)电热温床

在苗床的床土下铺设电热线,通电后土温上升,不仅设置方便,苗床温度还可根据需要调节。电热线每根长度为80～160米,每平方米苗床设定功率为80～10瓦,用80米长的电热线,可做10平方米的苗床。做好床框、整平床面,在苗床的两端钉上小木桩,将电热线按10厘米间距,挂在小木桩上。挂完线拉紧,接上电源,通电后检查无问题时再铺床土。

电热线与控温仪配套,可自动控温。但是安装控温仪需请专业人员操作。不设控温仪时,可在通电后用地温计实测床土温度,根据温度变化通电或断电(图1-3)。

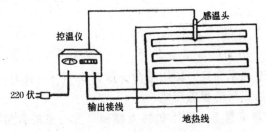

图1-3 电热温床示意图

(三)遮阳网

遮阳网又称凉爽纱,最初在南方盛夏用来防强光、高温,并有防暴雨的效果。近年在北方夏季生产辣椒和花卉上也开始应用。遮阳网是以聚烯烃树脂为主要原料,通过拉丝、绕筒后编织而成,是一种高强度、耐老化、轻质量的网状新型农用覆盖材料。

1. 遮阳网的型号、规格及性能 遮阳网有黑色、银灰色、绿色、白色、蓝色等。应用最普遍的是黑色遮阳网和银灰色遮阳网。

(1)型号 以纬经 25 毫米编丝根数为依据,可分为以下5 种:8 根网,10 根网,12 根网,14 根网和 16 根网。

江苏省武进市塑料二厂生产的遮阳网,产品型号为:SZW-8,SZW-10,SZW-12,SZW-14, SZW-16。

(2)规格 遮阳网的幅宽有 90 厘米、150 厘米、160 厘米、200 厘米、220 厘米和 250 厘米等 6 种规格。

(3)性能 编丝根数越多,遮光率越大,纬向拉伸强度也越强,但经向拉伸强度差别不大。纺织的质量、厚薄、颜色也会影响遮光率。

生产上应用最多的是 SZW-12 和 SZW-14 两种型号的遮阳网,每平方米的重量分别为 45±3 克和 49±3 克,幅宽以160～250 厘米为宜。使用寿命一般在 3～5 年(表1-1)。

2. 遮阳网的覆盖形式

(1)棚室覆盖 利用塑料大棚和日光温室的骨架覆盖遮阳网比较普遍。夏季日光温室前屋面撤下塑料薄膜,覆盖遮阳网。塑料大棚撤下薄膜,在四周 1 米高左右空出来,以上覆盖遮阳网。无柱大棚在两侧拉筋上,按一定距离拉尼龙线,在线上平铺遮阳网,四周固定展平(图 1-4,图 1-5)。

表 1-1 遮阳网的主要性能指标

型　号	遮光率		机械强度 50 毫米宽的拉伸强度(牛顿)	
	黑色网	银灰色网	经向(含一个密区)	纬　向
SZW-8	20~30	20~25	≥250	≥250
SZW-10	25~45	25~45	≥250	≥300
SZW-12	35~55	35~45	≥250	≥350
SZW-14	45~65	40~55	≥250	≥450
SZW-16	55~75	55~70	≥250	≥500

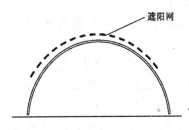

图 1-4　遮阳网顶盖法示意图　　图 1-5　遮阳网平盖法示意图

(2)小拱棚覆盖　长江中下游地区栽培辣椒,利用小拱棚覆盖遮阳网,是常用的方法。只覆盖顶部,两侧留出 20~30 厘米不盖,既节省遮阳网,又有利于通风透光,并可防暴雨(图 1-6)。

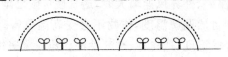

图 1-6　遮阳网小拱棚覆盖法示意图

(四)农用无纺布

无纺布又叫不织布、非织布或无织布。系以聚酯或聚丙烯为原料,切片经螺杆挤压纺出长丝并直接成网,再以热轧黏合方式而制成。是一种具有较好透气性、吸湿性和一定透光性的布状覆盖材料。应用在农业生产上称为农用无纺布。

1. 无纺布的种类、规格及性能

(1)无纺布的种类 无纺布分为短纤维无纺布和长纤维无纺布。短纤维无纺布多以聚乙烯醇、聚乙烯为原料,长纤维无纺布多以聚丙烯、聚酯为原料。短纤维无纺布牢度较长纤维无纺布差,纵向强度大,横向强度小,较易损坏;长纤维无纺布强度差异较小,使用时不易损坏。

我国生产的农用无纺布,都加入了适量的耐老化剂,因而强度提高,质量较好。

(2)无纺布的规格 我国的农用无纺布有 20 克/米^2、30克/米^2、40 克/米^2 和 100 克/米^2 等数种。宽度最宽的 2.85米。颜色以白色为主,也能生产黑色和银灰色的。

(3)无纺布的性能 薄型无纺布的透光性能与玻璃相接近。随着厚度的增加,透光率也随着下降。16 克/米^2 无纺布透光率为 85.6%±2.8%,25 克/米^2 无纺布的透光率为72.7%±7.3%,30 克/米^2 无纺布的透光率为 60%左右。无纺布有很多微孔,具有透气性,其透气性与内外的温差、风速成正比,当温差、外界风速增大时,透气性也随之增大,所以覆盖无纺布能自然调解温度,作物不会受高温危害。农用无纺布覆盖,温度、湿度、透光率、透气性都比地膜覆盖优越。2002年 2 月 27 日,大连市农业科学研究所,在金州区三里村测试结果如下:8 时无纺布覆盖温度为 2.2℃,14 时为 17.5℃;地膜覆盖 8 时为 3.4℃,14 时为 30.5℃。透光率无纺布为 92.2%,地膜为 89.7%。中午湿度,无纺布为 56%,地膜为 99%。透气量,无纺布为 4.34 立方米/米² · 分,地膜覆盖基本不透气。

2. 农用无纺布的覆盖方式

(1)二道幕覆盖 又叫天幕覆盖,在无柱的日光温室和塑料大棚内设置,夜间闭合严密,白天拉开见光。

(2)棚室内多层覆盖 在日光温室或塑料大棚中,遇到寒流强降温时,畦面扣小拱棚,在小拱棚的薄膜上再覆盖 50～100 克/米² 的无纺布。

(3)小拱棚覆盖 利用无纺布代替塑料薄膜覆盖小拱棚,不需要通风。虽然保温性能不如塑料薄膜,但是管理省工,又不用担心通风不及时烤坏秧苗。

(4)浮面覆盖 不论露地或棚室内均可进行浮面覆盖。露地浮面覆盖即将无纺布直接覆盖在畦面上,四周压紧。棚室浮面覆盖,可与地膜、二层幕等配合进行多层覆盖。

(五)防 虫 网

防虫网是新型覆盖材料。1998 年开始,在江苏省、浙江省进行了防虫网的性能、覆盖方式及应用效果的研究,取得了一定的进展。

1. 防虫网的种类和规格 防虫网的颜色分白色、黑色和银灰色 3 种,幅宽 1～1.3 米,有尼龙筛网、锦纶筛网和高密度聚乙烯筛网。蔬菜生产上应用的防虫网,一般为 20～80 目。

(1)尼龙筛网 用尼龙线编织而成,规格较多,从 20～100 目。具有通风、透光、透气、无毒、风吹雨打不易老化等特点。适合长时间使用,比一般窗纱使用寿命延长 3 倍。

(2)锦纶筛网 除了与尼龙筛网具有相同的性能外,还有防老化的优点,厂家还可根据用户要求订做不同规格的筛网,一般产品为 30～100 目。

(3)高密度聚乙烯筛网 由高密度聚乙烯和铝粉经工业加工拉丝编织而成,网目与尼龙筛网相同。

2. 防虫网的作用

(1)透光性能 经过试验表明,银灰色 22 目的防虫网透光率为 70％,24 目的防虫网透光率为 68％,白色防虫网透光率为 80％,黑色防虫网的透光率为 58％。

(2)降温效果 试验表明,防虫网兼有遮阳网的作用。22 目银灰色防虫网的气温增温幅度最小,地面、地中降温较多,降温幅度较大。

(3)覆盖方法 南方利用塑料棚骨架,撤下塑料薄膜,覆盖防虫网。北方多在日光温室上应用,撤掉围裙以上的塑料薄膜,覆盖防虫网。

(4)应用效果 覆盖防虫网后,小拱棚内的温度比大棚内的高,大棚内的空气湿度比小拱棚内的低。棚室覆盖防虫网后,可阻挡害虫进入为害。据测试,22 目的银灰色防虫网,防虫效果达到 95％以上,基本不需要喷布杀虫药剂。

防虫网还有防暴雨冲刷的作用。南方春末夏初,夏末初秋应用效果较好,特别是应用在辣椒生产上效果较好,增产比较明显。

防虫网在蔬菜生产上的应用,为无公害栽培闯出了一条新路,前景极为广阔。

二、塑料棚

20 世纪 60 年代,由于塑料工业的兴起,在蔬菜生产上出现了塑料大、中、小棚,进行提早、延晚栽培,使多种蔬菜的供应期延长,产量、品质提高,经济效益、社会效益极为显著。塑料棚分布很广,全国各地都在应用,除了蔬菜生产外,水果、花卉栽培也在发展。

塑料大、中、小棚怎样区分,尚无统一标准。目前小拱棚全国各地基本一致,凡是跨度在 2 米以下,高不足 1 米,管理人员不能进入棚内作业的属于小拱棚,并且只覆盖一段时间,不能长期覆盖。大棚的规格南北差异较大,由于北方早春气温低,土壤化冻晚,大棚四周受冻土层影响较大,大棚面积较大,多为 667 平方米。南方主要从节省建材考虑,棚高 1.8 米以上,跨度 4 米以上就称为大棚。

(一)塑料大棚

1. 塑料大棚的规格结构

(1)南方塑料大棚 跨度 4~10 米,高度 2.1~3 米,长度 20~60 米。结构以竹木结构最普遍,另外有 10 余家工厂生产 20 余种装配式镀锌薄壁钢管大棚,其中使用较多的有 GP 系列,PGP 系列和 P 系列,其技术参数见表 1-5。

(2)北方塑料大棚 多数是竹木结构,农民自行建造,有多柱大棚和悬梁吊柱大棚。跨度 12~14 米,高度 2.5~2.8 米,棚长 55.5~65.5 米。也有钢管骨架无柱大棚,基本是购买钢管和钢筋,请电焊工制作,尚无定型产品。通常跨度 10 米,高度 2.5 米,长度 67 米。

表 1-2　GP 系列、PGP 系列、P 系列大棚主要技术参数

型　号	宽　度（米）	高　度（米）	长　度（米）	肩　高（米）	拱间距（米）	拱架管径、管壁(毫米)
GP—C2.525	2.5	2.0	10.6	1.0	0.65	φ25×1.2
GP—C425	4.0	2.1	20.0	1.2	0.65	φ25×1.2
GP—C525	5.0	2.2	32.5	1.0	0.65	φ25×1.2
GP—C625	6.0	2.5	30.0	1.2	0.65	φ25×1.2
GP—C7.525	7.5	2.6	44.4	1.0	0.60	φ25×1.2
GP—C825	8.0	2.8	42.0	1.3	0.55	φ25×1.2
GP—C1025	10.0	3.0	51.0	0.8	0.50	φ25×1.2
PGP—C5.0～1	5.0	2.1	30.0	1.2	0.50	φ20×1.2
PGP—C5.5～1	5.5	2.5	30～60	1.5	0.50	φ20×1.2
PGP—C6.5～1	6.5	2.5	30～50	1.3	0.50	φ25×1.2
PGP—C7.0～1	7.0	2.7	50.0	1.4	0.50	φ25×1.2
PGP—C8.0～1	8.0	2.8	42.0	1.3	0.50	φ25×1.2
P222C	2.0	2.0	4.5	1.6	0.65	φ22×1.2
P422C	4.0	2.1	20.0	1.4	0.65	φ22×1.2
P622C	6.0	2.5	30.0	1.4	0.50	φ22×1.2

2. 塑料大棚的设计

(1)塑料大棚的棚面弧度　塑料大棚的稳固性,既决定于骨架的材质、塑料薄膜的质量、压膜线压紧程度,也与棚面的弧度有密切关系。

竹木结构的大棚,由于有很多立柱支撑,遇大风或大雪天气,虽然骨架不会倒塌,但是棚膜容易破损。原因是棚面平坦,在风速大时,棚面上空气压强变小,而棚内的空气压强未变,产生较大的空气压强差,使棚内产生举力,把薄膜鼓起,风速有时变小,又在压膜线的作用下,鼓起棚膜又回到骨架上,不断地鼓起、落下,摔打的结果使薄膜破损,甚至挣断压膜线。

如果是流线型的大棚,不但能减弱风速,压膜线也容易压得牢固,抗风能力加强,一般遇到 8 级风也不致受害。

流线型塑料大棚,是按合理轴线设计的。合理轴线计算公式:

$$Y = \frac{4fx}{L^2}(L-x)$$

式中,Y 为弧线各点高度,f 为矢高,L 为跨度,x 为水平距离。

例如,设计一栋跨度 10 米,矢高 2.5 米的钢架无柱大棚,首先划一条 10 米长的直线,从 0 米至 10 米,每米设 1 点,利用公式求出 0 米至 9 米各点的高度,把各点的高连接起来即为棚面弧度。代入公式:

$$Y_1 = \frac{4 \times 2.5 \times 1}{10^2} \times (10-1) = 0.9 (米)$$

$$Y_2 = \frac{4 \times 2.5 \times 2}{10^2} \times (10-2) = 1.6 (米)$$

$$Y_3 = \frac{4 \times 2.5 \times 3}{10^2} \times (10-3) = 2.1 (米)$$

$$Y_4 = \frac{4 \times 2.5 \times 4}{10^2} \times (10-4) = 2.4 (米)$$

$$Y_5 = \frac{4 \times 2.5 \times 5}{10^2} \times (10-5) = 2.5 (米)$$

依据以上公式可依次求出 Y_6 为 2.4 米,Y_7 为 2.1 米,Y_8 为 1.6 米,Y_9 为 0.9 米。这样棚面弧度稳固性好,但是两侧比较低矮,栽培高棵作物不太适宜,可对 1 米处和 9 米处的高度进行调整,取 Y_1 和 Y_2 的平均值 1.25 米,将 2 米和 8 米处提高到 1.7 米(图 1-7)。

(2)塑料大棚的高跨比 流线型大棚的高跨比为:矢高÷

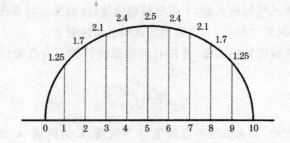

图 1-7　调整后的合理轴线位点高度示意图　（单位：米）

跨度＝0.25～0.30 比较适宜。小于 0.25 则棚面平坦，薄膜绷不紧，压不牢，易被风吹坏；同时，积雪也不能下滑，降雨易在棚顶形成"水兜"，造成超载塌棚，且易压坏薄膜。大于 0.3，棚体高大，需建材较多，抗风能力差。

（3）塑料大棚的长跨比　大棚的长跨比对稳固性有一定影响。同为 667 平方米的大棚，如要增加跨度就要缩小长度。如果跨度为 14 米，长度为 47.6 米，大棚的周边长为 123.2 米；如果跨度为 10 米，长度为 66.7 米，则大棚的周边长为 153.4 米。周边越长，地面固定部分越多，稳固性越好。特别是无柱大棚，长跨比应等于或大于 5。即长度相当于跨度的 5 倍或大于 5 倍。但是长跨比过大也不适宜，因为棚外地温低，跨度越小受外界低温的影响越大，所以长跨比不宜超过 6。

3. 大棚的场地选择与规划

（1）大棚的场地选择　建造塑料大棚需要地势平坦，土质疏松肥沃，光照充足，南、东、西三面没有遮光物体，避开风口，有灌溉条件，雨季能排水，靠近道路，交通方便，北面有天然屏障，树林或村庄更为理想。

（2）大棚群的规划　建造集中连片的大棚群，首先确定每栋大棚的面积、跨度和长度，然后确定棚间距离和棚头间的距离。棚间距离应达到 2～2.5 米,以便通风;棚头间的距离需要 5～6 米,以便车辆通行。在选好场地、调整土地后,测量田间面积,绘制大棚群图,按图施工。

塑料大棚分为南北延长和东西延长两种,东西延长适合与日光温室配套设置,既可经济利用土地,又有利于提早、延晚栽培(图 1-8,图 1-9)。

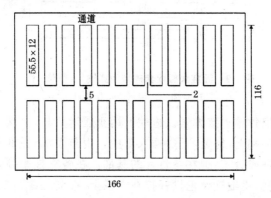

图 1-8 大棚群示意图 (单位:米)

4. 竹木结构大棚建造 以北方普遍应用的竹木结构大棚有,跨度 12 米,矢高 2.5 米,长度 55.5 米为例,介绍建造方法。

(1)埋立柱 在 12 米的跨度内均匀埋 6 排立柱,立柱间距为 1 米,各排间距离为 2 米,立柱用 5 厘米直径的杂木杆,长度按设计棚型各部位高度,外加埋入土中 30 厘米长。中柱和腰柱垂直,边柱顶端向外倾斜呈 80°。为防立柱下沉或上拔,在靠柱脚 5～6 厘米处,钉上 20 厘米长的小横木。埋立柱的位置,高度要准确,培土后捣实。

(2)安装骨架 用直径 4～5 厘米的竹竿作拱杆,每排立柱上用两根竹竿粗的一端担在边柱上,由两侧向中间,通过中

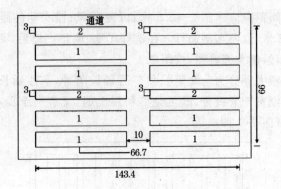

图 1-9　温室大棚配套规划示意图 （单位：米）

1. 大棚　2. 温室　3. 作业间

柱将两根竹竿连接绑紧。边柱上用 4 厘米竹片，上端担在竹竿粗的一端上，绑紧，下端插入土中。为防下沉，在底脚处横放细木杆或竹竿，绑在各竹片的基部。在各立柱距顶端 5 厘米处钻孔，用细铁丝把拱杆拧在立柱上，在立柱距顶端 25 厘米处，纵向用木杆或竹竿作拉杆，用细铁丝拧在立柱上，使整个大棚骨架连成一体（图 1-10）。

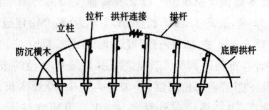

图 1-10　竹木大棚骨架示意图

(3)悬梁吊柱骨架　竹木结构大棚，减少 2/3～3/4 立柱，用小吊柱代替，称为悬梁吊柱。小吊柱用直径 4 厘米，长 25 厘米的细木杆，两端 4 厘米处钻孔，穿过细铁丝，上端拧在拱杆上,下端拧在拉杆上。大棚的规格、结构与竹木结构大棚完全相同,不同之处是减少了立柱后,必然加重了拉杆和立柱的负担,需要适当增加立柱和拉杆粗度(图1-11)。

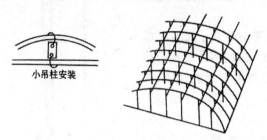

小吊柱安装

图1-11   竹木结构悬梁吊柱大棚示意图

竹木结构塑料大棚建造容易,一次性投资少,但是每年需要维修,特别是立柱埋入土中部分容易腐烂,有条件的改用水泥预制柱,不再需要更换,但截面较大,遮光多。

5. 拉筋吊柱大棚建造   拉筋吊柱大棚是用水泥预制柱代替木杆立柱的悬梁吊柱大棚,与竹木结构悬梁吊柱大棚的区别,除立柱上外,拉杆用钢筋代替木杆或竹竿,可一次建成使用几年不需维修。

(1)立柱   水泥预制柱长度与木杆相同,但是每排立柱两端需深埋(埋入土中50厘米)。立柱顶端25厘米留出穿钢筋孔,顶端留4厘米缺刻,便于放拱杆(图1-12)。

(2)骨架安装   埋立柱的方法与竹木结构大棚相同,两端的立柱挖坑深埋,还要向外倾斜。6排立柱的排间距离为2米。有6条φ6毫米的钢筋穿过拉筋孔拉紧,作为纵向拉筋。竹竿拱杆担在立柱和小吊柱上。小吊柱的安装与竹木结构悬梁吊柱大棚相同(图1-13)。φ是常用的数学符号,此处表示钢管或钢筋、钢丝(俗称铁丝)的直径。

6. 钢管骨架无柱大棚建造　以跨度 10 米,矢高 2.5 米,长 66.7 米的钢管无柱大棚为例。

(1)棚架焊制　用 6 分镀锌管(G3/4)作拱杆[此处所谓 6 分管是用的习惯表示法(英制)。6 分是 3/4 吋,8 分是 1 吋,1 吋＝25 毫米],按拱架间距离 1 米计算,需 67 根,其中有 23 根需要带下弦的加固桁架(图 1-14),下弦用 φ12 毫米钢筋,拉花用 φ10 毫米钢筋焊

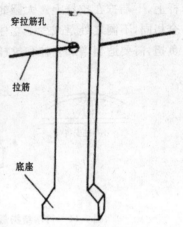

图 1-12　水泥预制柱

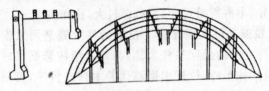

图 1-13　拉筋吊柱大棚示意图

成。另外 4 根为单杆拱架,用 φ10 毫米钢筋作斜撑。

(2)浇地梁　在大棚两侧浇筑 10×10 厘米混凝土地梁,在地梁上预埋角钢,以便于焊桁架和拱杆。焊完桁架和拱杆后,用 4 分镀锌管(G1/2)5 道作拉筋,焊在桁架下弦上,均匀分布,并在单杆拱架下用 φ10 钢筋作斜撑焊在拉筋上(图 1-15)。

在每两根拱杆中间的地梁角钢上,焊上 φ5.5 的钢筋圈,以便于栓压膜线。

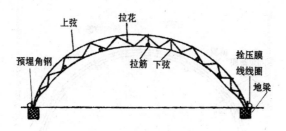

图 1-14　钢管无柱大棚桁架示意图

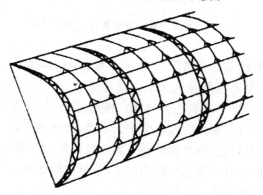

图 1-15　钢管无柱大棚透视图

　　钢管骨架无柱大棚不但光照条件好,还可以进行多层覆盖,一次建造,长年使用。

　　7. 装配式镀锌薄壁钢管大棚建造　装配式镀锌薄壁钢管大棚骨架,是由工厂生产的定型产品,在表 1-2 中已详细介绍。用户可就近选购,按说明进行安装。该类型在长江沿岸及江南广大地区比较适宜(图 1-16)。

　　8. 覆盖大棚薄膜和安装大棚门

　　(1)棚膜选择　塑料大棚的薄膜,以普通聚乙烯薄膜或聚乙烯长寿膜为宜。南方的大棚面积较小,可选用 0.6～0.8 毫

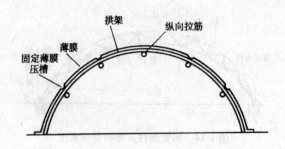

图 1-16 装配式镀锌薄壁钢管大棚示意图

米厚的薄膜,北方应选用 1.0～1.2 毫米厚的薄膜。

变通聚乙烯薄膜透光率衰退较慢,比重为 0.92,单位面积用量相对少于聚氯乙烯薄膜。使用时间 4～6 个月,可烙合,不易粘合。覆盖后内表面布满水滴,透光率受到影响,但是通风不及时,遇到高温强光不容易烤伤作物。聚乙烯长寿膜,性能除与普通聚乙烯膜相同外,还具有耐老化、强度高等特点,使用期可超过 1 年。

(2)覆盖方法 用 1 米宽的薄膜上边卷入塑料绳烙合成筒,绑在各拱杆上,两端固定在大棚两端的木桩上,下边埋入土中,构成 80～85 厘米高的底脚围裙。上部覆盖 1 整块薄膜,薄膜的两边延过围裙 30 厘米,长度为大棚长度加上棚高的 2 倍,外加 0.5 米。例如棚长 55.5 米,则薄膜的长度应为:55.5+(2.5×2)+0.5=61 米。

选无风的晴天,把裁好的薄膜,从两边向中间卷起,放到大棚骨架上,向两侧展开放下,两端拉紧埋入土中踩实。两侧展平,每两拱杆间用 1 条压膜线压紧。

(3)安装大棚门 在覆盖薄膜前立好门框,覆盖薄膜后先紧闭不开门,促使棚内温度升高,加速冻土融化。开始应用时把门口处的薄膜割成丁字形,把薄膜向两边框和上框卷起,用木条钉牢,即可安装棚门。

9. 塑料大棚的建材用量 竹木结构、钢管和拉筋吊柱大棚,均由生产者自行设计和建造。现将这几种大棚的建材用量列表介绍,供读者参考(表1-3至表1-6)。

表1-3 竹木结构大棚用料表 (667平方米)

材料名称	规格(厘米) (长×直径)	单 位	数 量	用 途	备 注
木 杆	280×5	根	112	中 柱	
木 杆	250×5	根	112	腰 柱	
木 杆	190×5	根	112	边 柱	
木 杆	400×4	根	104	拉 杆	
木 杆	25×3	根	336	柱脚横木	
竹 竿	600×4	根	224	拱 杆	
竹 片	400×4	根	114	底脚横杆	截断用
门 框		副	2		
木板门		扇	2		
木 杆	400×4	根	30	固定底 脚拱杆	防下沉
塑料绳		千 克	4	绑拱杆	
细铁丝	φ1.6毫米(16#)	千 克	3	绑拱杆	
钉 子	7.5厘米	千 克	4	钉横木	
铁 线	φ4毫米(8#)	千 克	50	压膜线	
聚乙烯薄膜	普通聚乙烯膜	千 克	110	覆盖棚面	
红 砖		块	110	拴地锚	

表1-4 竹木结构悬梁吊柱大棚用料表 (667平方米)

材料名称	规格(厘米) (长×直径)	单 位	数 量	用 途	备 注
木 杆	280×6	根	38	中 柱	
木 杆	250×6	根	38	腰 柱	
木 杆	190×6	根	38	边 柱	
木 杆	300×5	根	64	纵向拉杆	
木 杆	25×4	根	114	柱脚横木	防止立柱 上下串动
竹 竿	600×4	根	112	拱 杆	
木 杆	20×4	根	222	小吊柱	
竹 片	400×4	根	56	底脚横杆	截断用
细铁丝	Φ1.6毫米(16#)	千 克	2	固定拉杆 小吊柱	
铁 线	Φ4毫米(8#)	千 克	50	压膜线、地锚	
钉 子	7.5厘米	千 克	3	钉横木	
塑料绳		千 克	4	绑拱杆	
麻 绳		米	120	穿底脚围裙	
薄 膜	聚乙烯0.01 毫米厚	千 克	100	覆盖棚面	
木 杆	400×4	根	30	底脚固定拱杆	
红 砖	24×11.5×5.3	块	110	拴地锚	
门 框		副	2		
木板门		扇	2		

表 1-5 拉筋吊柱大棚用料表 （667 平方米）

材料名称	规格(厘米) （长×直径）	单 位	数 量	用 途	备 注
水泥柱	300×10	根	14	中 柱	
水泥柱	270×10	根	14	腰 柱	
水泥柱	190×10	根	14	边 柱	
钢 筋	φ6毫米×360米	根	1	纵向拉筋	截成6条
木 杆	25×4	根	114	柱脚横木	
竹 竿	600×4	根	112	拱 杆	
竹 片	400×4	根	56	底脚横杆	截断用
木 杆	25×4	根	336	小吊柱	
木 杆	400×4	根	56	底脚固定拱杆	
塑料绳		千 克	4	绑拱杆	
细铁丝	φ1.6毫米(16#)	千 克	3	固定拉杆 小吊柱	
铁 丝	φ4毫米(8#)	千 克	50	压膜线、地锚	
钉 子	7.5厘米	千 克	3	钉横木	
麻 绳		米	120	穿底脚围裙	
薄 膜	聚乙烯薄膜 0.01毫米厚	千 克	100	覆盖棚面	
红 砖	24×11.5×5.3	块	110	拴地锚	
门 框		副	2		
木板门		扇	2		

表 1-6　钢管骨架无柱大棚用料表　（667 平方米）

材料名称	规　　格	单位	数　量	用　途	备　注
镀锌管	6 分(G3/4)×12 米	根	23	桁架上弦	
镀锌管	6 分(G3/4)×12 米	根	44	拱杆	
钢　筋	ϕ12 毫米×11 米	根	23	桁架下弦	
钢　筋	ϕ10 毫米×12 米	根	23	拉花	
钢　管	4 分(G1/2)×66 米	根	5	拉筋	
钢　筋	ϕ12 毫米×30 厘米	根	440	斜撑	
角　钢	66 米(50 毫米宽× 5～4 毫米厚)	根	2	预埋地梁	
水　泥	325#	吨	0.5	浇地梁	
砂　子		立方米	1	浇地梁	
碎　石	直径 2～3 厘米	立方米	2	浇地梁	素质地梁
塑料薄膜	聚乙烯， 0.01 毫米厚	千克	100	覆盖棚面	
铁　丝	ϕ4 毫米(8#)	千克	50	压膜线	
门　框		副	2		
门		扇	2		

注：表 1-3 至表 1-6 中的铁丝是钢丝的俗称。括号内的规格为英制。8# 相当于 ϕ4 毫米、10# 相当于 ϕ3.5 毫米、16# 相当于 ϕ1.6 毫米铁丝

10. 塑料大棚的小气候调节

(1)光照条件　大棚内光照时间与露地相同，光照强度始终比露地低。因为太阳光通过薄膜进入大棚，棚面弧形各部位与太阳光构成的角度不同，在一天中任何时间都要反射一部分，加上薄膜的吸收，拱杆、拉杆、立柱的遮光，竹木结构的大棚透光率只有 60％ 左右，钢架无柱大棚太阳光透过率也只有 70％ 左右。

大棚的光照强度随外界天气的变化和季节而变化。外界

光照弱的季节棚内光照也弱,晴天明显比阴天和多云天强。大棚光照在水平分布上有差异,南北延长大棚,午前东部光照强于西部,午后西部高于东部,全天两侧差异不大,但在两侧与中部之间各有一个弱光带,其光照度比两侧和中间都低。

东西延长的大棚,光照高于南北延长的大棚,但棚内光照分布不均匀,南部明显高于北部,最多差 20%。这样的大棚进行提早延晚栽培比较有优势。

利用塑料大棚栽培辣椒,进入夏季后,由于光照强度过高,影响辣椒生长发育,需要覆盖遮阳网,降低光照强度。也可在棚膜上喷泥浆来降低光照度。

(2)温度调节 大棚内的温度始终比露地高。太阳辐射透过薄膜进入棚内,照射到地面、拱杆、拉杆、立柱和空气,转化为热能,再向棚外放热。由于大棚容积较大,热容量多,放热较慢,所以大棚内的高温时间比露地长。

①地温 塑料大棚地温升高后容易稳定。春季 10 厘米地温比露地高 5℃～6℃(表 1-7)。

表 1-7 大棚 10 厘米地温与外界比较 (℃)

项　目	3 月 11 日 (晴)	3 月 12 日 (多云)	3 月 13 日 (小雪)	平　均
大棚 内	7.0	11.1	10.0	9.4
大棚 外	2.0	6.0	3.0	3.7
大棚内外温差	5.0	5.0	7.0	5.7

大棚内 10 厘米地温比较稳定,但浅层地温随气温而改变。白天光照充足,地表温度可达 30℃以上,5～20 厘米土层的日较差小于气温的日较差,但位相落后,深度越增加位相越

迟,日较差也越小。在地温较低时地面的日较差大于气温的日较差。故大棚栽培辣椒地温未升高前不宜定植。

凌晨5厘米地温往往低于气温,但傍晚高于气温直到日出前。

大棚内地温随季节变化。进入春季,随着太阳高度角加大,光照增强,大棚内气温、地温都随着升高。夏季作物遮蔽地面,薄膜透光率下降或覆盖遮阳网等原因,大棚内地温比露地低,充分显示保护地栽培辣椒的优越性。进入晚秋,大棚内地温开始下降,但下降速度较露地慢,有利于延晚生长。进入初冬以后,地温降到辣椒生长发育的临界温度以下,停止生产。

②气温 大棚内气温变化以太阳辐射为转移。晴天白天太阳光充足,棚内气温上升快,最高气温出现在14时,比露地高12℃~13℃,最高可高出15℃。最低温出现在凌晨4时以后,棚内外温差3℃~4℃。棚内外的最高温差因天气而有所不同。晴天温差大,阴天温差小(表1-8)。

表1-8 大棚内外最高气温比较 (℃)

天　气	棚　内	棚　外	内外温差
晴　天	38.0	19.3	18.7
多　云	32.0	14.1	17.9
阴　天	20.5	13.9	6.6

在同一纬度地区,大棚内最低气温也不一致,覆盖薄膜早的,土壤早化冻,升温快,土壤贮热量多,气温下降土壤放热补充,气温下降相对较慢,最低温度出现晚,持续时间也短。

大棚内气温的日变化趋势与露地相似,最低气温出现在凌晨,日出后随太阳的上升,气温随着上升,8～10 时上升最快,密闭条件下,每小时上升 5℃～8℃,有时达 10℃以上。最高气温出现在 13 时,14 时以后开始下降,每小时下降 3℃～5℃,日落前下降最快。大棚内气温变化非常强烈,日较差比露地大。全年应用的大棚,12 月下旬到翌年 2 月份日较差多在 10℃以上,但很少大于 15℃;3～9 月份日较差超过 20℃。晴天越是光照充足,日变化越剧烈,阴天变化较小,通风和浇水的情况下日较差缩小。

北纬 40°及其以南地区,气温在 2 月上旬以后明显回升。3 月中旬以后,晴天的白天,大棚内的气温比露地高 15℃以上。4 月份,大棚内的最高气温可达 40℃以上。5～6 月份不但气温升高,光照也强,单靠通风调节温度,已经不能适宜辣椒生长发育的需要。一般 6 月份以后就需要覆盖遮阳网,9月份以后可撤掉遮阳网。

大棚内不同部位的气温也有差异,南北延长的大棚,午前东部气温高于西部,午后西部高于东部,温差在 1℃～3℃之间,夜间四周气温比中部低。

大棚的温度调节包括防寒保温、防高温和调节作物生育适温。

防寒保温一般不用加温措施。首先应根据当地气候条件,确定生产时间。遇到灾害天气,采取覆盖地膜、扣小拱棚等方法防寒。提早扣棚,增施有机肥,使土壤增加蓄热量,也能起到防寒保温的作用。

(3)湿度条件及调节 塑料大棚密闭性强,所以大棚内早春通风量很小时,土壤蒸发,作物蒸腾的水分造成空气相对湿度很高,经常在 80%～90%,到了夜间棚温下降后,有时空气相对湿度达到 100%。

大棚内空气相对湿度的变化规律是:气温升高空气相对湿度下降,气温降低空气相对湿度升高。晴天、有风天气降低,阴天升高。春天日出后随温度升高,土壤蒸发和作物蒸腾加剧,如果不通风,水气大量增加,通风后相对湿度下降,停止通风前空气相对湿度最低。夜间温度下降空气相对湿度往往达到饱和状态。

大棚的空气相对湿度达到饱和时,随着温度升高,空气相对湿度下降。棚内 5℃时,每提高 1℃,空气相对湿度下降 5%;棚温 10℃时,每提高 1℃,空气相对湿度下降 3%～4%。棚温 20℃时,空气相对湿度为 70%;升到 30℃时,空气相对湿度可降到 40%。

大棚的土壤水分来自扣棚前土壤贮存的水分和人工灌溉,不受降水影响。可根据作物需要来满足,可以达到既不缺水,也不过量,对生育极为有利。

覆盖普通薄膜,内表面凝聚大量水珠,聚集到一定程度,形成"冷雨"降落地面,深层水分不断通过毛细管上升到地表,使地面呈湿润状态,土壤水分已经不足,还表现不缺水的假象,容易使缺水不能及时得到补充。

空气相对湿度高,对作物生长发育是不利的。所以在辣椒保护地栽培上,采用高垄、高畦,覆盖地膜,进行滴灌或膜下暗灌是必要的。

(4) 大棚内气流的运动　大棚内气流运动有两种方式:一种是由地面升起,汇集到棚顶部的气流,称为基本气流;另一种是由基本气流汇集而成,沿着棚顶形成一层与棚顶平行的气流,不断向棚中央最高处流动,最后向下流动,补充到地面,填补基本气流上升后形成的空隙,称为回流气流。

基本气流的运动方向,容易受棚外风的影响,其方向与风相反,风力越大,影响越小。大棚密闭时,基本气流的流速很低,最低小于 0.01 米/秒,其平均值为 0.28～0.78 米/秒。通风后,基本气流速度提高,流经作物叶层的新鲜空气也增多。大棚内不同部位基本气流的流速不同,中心部位及两端的流速都低,这些部位空气相对湿度较高。但是大棚两端开门,就不存在这种情况。不过大棚两侧与中部(通道兼水道)之间,气流的流速最低,空气相对湿度较高,发生气传病害时,往往发病较早,病害也重。

大棚顶部不设通风口,回流气流从棚中央向地面回流,补充基本气流上升后形成的空隙,大棚两侧未通风时,回流气流厚度小,通风后气流厚度显著增加。在多云的天气,有时强烈的太阳光突然出现,照射棚面,回流气流经过棚顶时迅速被加热,温度升高,返回地面补充基本气流时,大棚的气温也突然升高。所以遇到这种情况要特别注意通风,防止高温危害。

早春大棚内外温差大,通风只能从围裙上扒缝进行,两端门口处用薄膜拉起 1 道 40～50 厘米高的挡风带,以防扫地风。当基本气流上升后,地表空气形成负压,吸引底风贴地表运动,风速较大,容易使气温下降,所以挡风带在早春是不可缺少的。夏季外温升高后,揭开底角围裙,有利于补充新鲜空气,降低棚内温度。

(二)塑料中棚

1. 中棚的规格及特点 跨度 4～6 米,高 1.8～2 米,面积 66.7～200 平方米。棚内不设通道和水道,不安装棚门。水道设在棚外,管理人员便于进入棚内作业。中棚建造容易,节省建材,造价低。中棚空间小,可以进行外覆盖保温,生产辣椒比大棚还可提早定植。

2. 中棚的结构与建造 根据建材不同,塑料中棚可分为竹木结构中棚、钢管无柱中棚、钢筋有柱中棚和钢竹混合结构中棚。

(1) 竹木结构中棚 以竹竿、竹片、木杆为建材,根据建材强度,可建双排柱中棚或单排柱中棚。双排柱中棚用竹片作拱杆,用两根竹片弯成拱形,两端插入土中,上端连接绑牢,由两排立柱支撑,立柱顶端用木杆或竹竿作梁,把各拱杆连成一体(图 1-17)。单排柱中棚只设 1 根立柱,建造方法与双排柱中棚相同,由于建造材料强度较高,因而减少 1 排立柱和支撑梁(图 1-18)。

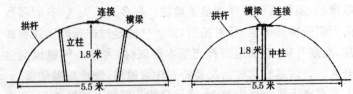

图 1-17 单排柱中棚结构图　　**图 1-18 双排柱中棚结构图**

(2) 钢管骨架中棚 用 4 分(G1/2)镀锌管,在模具上弯成拱形,按间距 1 米,10 个骨架为 1 组,底脚焊在 φ14 毫米钢筋上,中部用 4 分(G1/2)镀锌管作顶梁焊在钢管下部。应用时可根据地块单棚应用,也可几个中棚连接使用(图 1-19)。

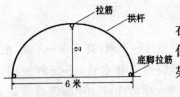

图 1-19 钢管中棚结构图

(3) 钢竹混合结构中棚 在钢管中棚的基础上,为了降低造价,每 3 米用 1 根钢管骨架、两根竹竿或竹片骨架。

(4) 钢筋有柱中棚 跨度、高度与钢管中棚相同,用 φ16 钢筋弯成弧形,在钢筋两端 10 厘米处横向焊接 20 厘米长的 φ14 毫米钢筋,把拱杆两端插入土中 10 厘米深,横钢筋起到防止拱杆下沉的作用。拱杆间距 1 米,每根拱杆的中部向下焊 1 根 6～7 厘米长的 4 分(G1/2)

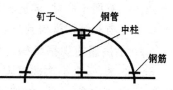

图 1-20　钢筋有柱中棚结构图

钢管,用 1 根 φ16 钢筋插入钢管中,插入土中,贴地面也焊上横筋。在钢管中部钻孔,穿入钉子把立柱固定。各立柱间用 1 根 φ16 钢筋连成整体(图 1-20)。

3. 中棚覆盖薄膜　中棚覆盖一块薄膜,用聚乙烯普通膜,不需烙合,盖满棚面,四周埋入土中踩实。为了防止通风时的扫地风,可设底角围裙,但与大棚底角围裙不同,设在骨架内侧。通风时,揭开底脚薄膜,冷空气从围裙上部进入棚内。也要像大棚一样,用压膜线将薄膜压紧。

4. 中棚的小气候特点　中棚的小气候与大棚的基本相同,区别是空间小,热容量少,四周受外界地温低的影响较大,晴天光照充足时,气温上升特别快,夜间或阴天下降也快,保温效果不如大棚,在没有外保温的情况下,提早、延晚栽培都不如大棚,如果进行外保温又可比大棚优越。

中棚不设棚门,管理时揭开薄膜进棚,棚内无通路,水道设棚外,可经济利用土地。中棚的温度、光照、湿度、气流运动与大棚相似,在环境调控方面,可参照大棚进行。中棚在北纬 40°～38°地区比较实用。

(三)塑料小拱棚

塑料小拱棚是全国各地应用最普遍、面积最大的保护地设施。具有便于取材、建造容易，投资少、见效快，适于多种园艺作物育苗和短期覆盖栽培。

1. 小拱棚的规格结构 跨度 1～2 米，高 0.6～1.0 米，长 8～10 米，每个小拱棚可覆盖 2 个畦或 4 垄作物。小拱棚骨架可用细竹竿、竹片、棉槐条或钢筋弯成拱形，两端插入土中，拱杆间距 0.6～0.7 米。覆盖普通聚乙烯或聚氯乙烯薄膜，四周埋入土中踩实。

1 米跨度的小拱棚多用细竹竿作拱杆，2 米跨度小拱棚用竹片作拱杆，为了提高稳固性，在中部设 1 道横梁，2～3 米处距离设 1 立柱支撑。

2. 小拱棚的小气候特点及调控 小拱棚空间小，晴天升温特别快，夜间降温也快。受外界低温影响强烈，只适于短期覆盖栽培。小拱棚需要覆盖普通聚乙烯薄膜或聚氯乙烯薄膜，有表面布满的水滴，在高温条件下，通风不及时不容易烧伤秧苗。

因为小拱棚通风比较困难，一般先揭开两端薄膜通风，晴天风小时再从侧面支开薄膜通风。

小拱棚早春育苗或短期覆盖栽培，因受四周外界的影响，棚内不论地温和气温，都是中间高两侧低。早春不论育苗或早熟栽培，表现为中间徒长，两侧植株矮小，特别是 1 米宽的小拱棚表现尤为突出。要想小拱棚覆盖的秧苗整齐，有效措施是通顶风。方法是用两幅薄膜烙合。烙合时每米留出 30 厘米不烙合，通顶风时用 30 厘米长的高粱秸，把未烙合处支起呈菱形通风口。

为了通风和闭风方便，薄膜四周不埋入土中，用高粱秸或细竹竿卷入薄膜底边，用 φ4 毫米铁丝上端弯成小结，长 30 厘米左右，卡住薄膜卷，40 厘米间距插入土中，固定薄膜。通底风时拔

出 φ4 毫米铁丝,支起薄膜卷,闭风后重新插回(图 1-21)。

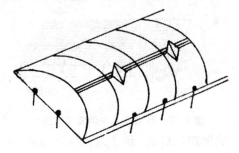

图 1-21 小拱棚覆盖双幅薄膜示意图

　　小拱棚通顶风后,棚内温度发生较大变化。主要表现为温度稳定,并且棚内温度始终均匀一致,不论育苗或短期覆盖栽培的秧苗,都非常整齐,不存在中部高、两侧低矮的现象,另外管理也方便。

三、日光温室

　　日光温室是我国独创的保护地设施。在北纬 40°地区,冬季最低气温达到−20℃甚至更低时,不进行人工加温能生产喜温蔬菜。在节能方面居国际领先水平。

(一)日光温室主要类型结构

　　日光温室从前屋面的构型来分,主要有一斜一立式和半拱形两种类型。

　　1. 一斜一立式温室 跨度 7~8 米,脊高 2.5~3.1 米,后屋面水平投影 1.2~1.5 米,前立窗高 0.6~0.8 米,前屋面采光角 18°~23°,长度多为 60~80 米。代表类型如瓦房店的琴弦式日光温室(图 1-22)。

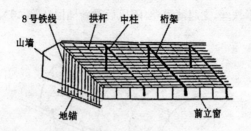

图 1-22　琴弦式日光温室示意图

2. 半拱式温室　跨度、高度、长度与一斜一立式温室基本相同,主要区别是前屋面的构形为半拱圆形。这种温室采光性能良好,而且屋面薄膜容易被压膜线压紧,抗风能力强(图 1-23)。

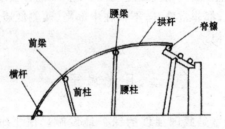

图 1-23　半拱形日光温室示意图

3. 竹木结构日光温室　用木杆作骨架,土筑后墙和山墙,后屋面用高粱秸或玉米秸勒箔后,抹草泥。前屋面用竹竿或竹片作拱杆,建造容易,充分利用农副产物,保温效果好,造价低廉,农民可自行建造。缺点是立柱多,遮光面大,作业不方便,也不便于多层覆盖。每年需要维修,比较麻烦。

4. 钢架永久式日光温室　砖墙,后屋面异质复合结构,前屋面镀锌钢管拱杆,无立柱,一次建成多年使用,采光好,作业方便,是日光温室的发展方向。

5. 混合结构　为了避免竹木结构温室的立柱柱脚腐烂,可用水泥预制柱代替木杆作立柱。也有利用水泥预制柁、檩代替木杆,以延长使用年限,只有前屋面用竹竿或竹片作拱杆。

(二)日光温室的采光设计

日光温室的热能来自太阳辐射,白天太阳升起后,光线通过前屋面透入温室内,由短波光转为长波光,产生热量,提高温度。透入室内的太阳光越多,升温越快,温度也越高。采光设计就是最大限度使太阳光透过前屋面进入温室。

1. 方位角 日光温室东西延长,前屋面朝南。方位角采取正南,正午时太阳高度角最大时与前屋面垂直,采取南偏东5°,则太阳光线提前20分钟与温室前屋面垂直,采取南偏西5°,则太阳光与前屋面垂直时间延后20分钟。

温室方位角应根据地理纬度确定,北纬40°以正南或南偏西5°为宜,北纬39°以南地区南偏东5°~7°,北纬41°以北地区南偏西5°~7°为宜。

2. 前屋面采光角

(1)设计前屋面采光角的方法 确定温室跨度、高度后,从温室最高点向地面引垂线,再从最高点向前底脚引直线,构成温室前屋面三角形(图1-24)。前屋面与地面形成的夹角,与透入温室的太阳光关系密切,夹角越大透光越多。在跨度相同时一斜一立式温室透光就少,因为在高度相同的条件下,

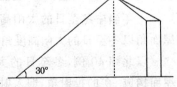

图1-24 前屋面与地面夹角

前屋面与地面的夹角应从温室高度减去前立窗高度(图1-25)。

可见当温室高度、跨度相同的情况下,一斜一立式温室的采光效果比较差。

当太阳光与温室前屋面垂直,即入射角[入射光线与屋面垂直线(法线)的夹角]等于0°时,透入室内的太阳光最多,所以称为理想屋面角(图1-26)。

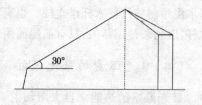

图1-25　一斜一立式温室的采光角

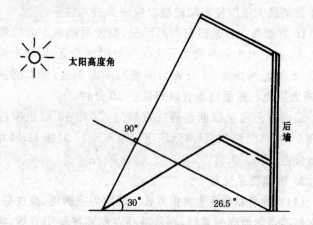

图1-26　理想屋面角示意图

一年当中冬至日的太阳高度角最小,所以设计温室采光屋面角以冬至日的太阳高度角为依据。

以北纬40°例,冬至日的太阳高度角为26.5°,与温室前屋面构成90°的投射角,即入射角等于0°时,温室前屋面的夹角为90°-26.5°=63.5°。

如果按照理想屋面角建造温室,屋面极为陡峭,既浪费建材,增加造价,也不便于管理,根本没有实用价值。

建造日光温室应兼顾采光、保温和便于管理。况且入射角与光线透过率并非单纯直线关系,当入射角在 0°～40°范围内变化时,随着入射角的增大,透光率下降幅度不超过 5%,当入射角超过 40°以后,透光率才明显下降(图 1-27)。

20 世纪 80 年代中期,北纬 40°地区的辽宁省瓦房店,日光温室冬季不加温生产喜温蔬菜获得成功。其温室前屋面采光角为 23.5°,即入射角为不大于 40°。20 世纪 90年代初,全国日光温室协作网专家组认为,日光温室前屋面的采光角,以入射角不大于40°为合理屋面角。

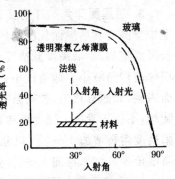

图 1-27　入射角与透光率的关系

(2)合理屋面角　计算合理屋面角的公式:

合理屋面角＝90°－h_0－40°

式中,h_0 为太阳高度角。

以北纬 40°地区为例,已知冬至日太阳高度角为 26.5°,则合理屋面角为 90°－26.5°－40°＝23.5°。20 世纪 90 年代以来,北方各地日光温室生产实践表明,按照合理屋面角设计建造的日光温室,在冬季阴天少,日照百分率高的地区,气候正常的年份,生产效果较好,不加温在北纬 40°地区可以生产喜温蔬菜。但是,低纬度地区,日照百分率低的地区,或遇到气候反常的情况,按照合理屋面角设计建造的日光温室,应用效果就不理想了。为此,全国日光温室协作网专家组经过深入考察,提出了合理时段采光屋面角理论。

(3)合理时段采光角　从 10 时至 14 时,4 个小时内太阳入射角都不大于 40°。简易计算合理时段屋面角的方法为：当地纬度减 6.5°。例如，北纬 40°地区，日光温室前屋面的采光角应为 40°－6.5°＝33.5°。

3. 后屋面仰角 日光温室后屋面的仰角受后墙高度、温室中脊高度和后屋面长度制约。中脊高度和后屋面水平投影长度固定后，后墙高度就决定仰角的大小，墙体矮仰角增大，墙体高仰角缩小。仰角过小，冬至前后太阳光照射不到后屋面内侧，光照有死角，影响温室内温度升高；仰角过大，后屋面陡峭，不便于管理。确定后屋面的仰角应以冬至日正午时太阳高度角再增加 5°～7°。以北纬 40°地区为例，冬至日的太阳高度角为 26.5°，再加 5°～7°，应为 31.5°～33.5°。

4. 后屋面的水平投影与前屋面的构型 日光温室后屋面的水平投影与前屋面的构型，对采光有较大影响。

(1)后屋面水平投影 后屋面是不透明维护结构，其水平投影长短，直接影响进光量。在温室的跨度中，水平投影所占比例与透光和保温都有关系，水平投影长，进光量少，但保温效果好；水平投影短，进光多，对保温不利。根据各地生产实践经验，后屋面水平投影在温度跨度中占 1/5 为适宜。7.5 米跨度的温室，后屋面的水平投影应为 1.5 米。

(2)日光温室前屋面构型与采光 日光温室前屋面基本是半拱形和一斜一立式（琴弦式）两种。两种温室的光照条件比较，半拱形日光温室光照条件优于一斜一立式温室，不论透光量，或光照的垂直分布、水平分布，半拱形温室都表现较好。

5. 日光温室的建造材料与采光 竹木结构的日光温室，建材强度低，不但木杆和竹竿截面大，立柱多，又有横梁；遮阳面积大，影响了透光。钢架无柱温室透光率明显提高。

(三)日光温室的保温设计

日光温室不加温冬季能生产喜温性蔬菜,主要靠科学的采光设计,使大量的太阳辐射能透入温室内,转化为热能,满足了园艺作物对温度的需要,保证了光合作用的进行。但是,怎样保持已产生的热量持续时间长,防止低温冷害和冻害,关键在于保温。可见日光温室保温设计与采光设计同等重要。

1. 日光温室热量损失的途径

(1)贯流放热 透入日光温室内的太阳辐射能,转化为热能后,以对流、辐射方式把热量传导到与外界接触的围护结构(后墙、山墙、后屋面、前屋面)的内表面,从内表面传导到外表面,再以辐射和对流的方式散发到大气中去。这个过程叫贯流放热,也叫透射放热。贯流放热是温室热量损失的主要途径,放热快慢、放热量多少,决定于围护结构的导热系数。

(2)缝隙放热 温室的后墙与后屋面结合处有缝隙,后墙和山墙有缝隙,前屋面覆盖的塑料薄膜有孔洞,管理人员出入温室开门、关门,都会通过对流方式把温室的热量放到外面去。

(3)地中传热 白天地面接受太阳辐射能,转化为热能后,热能向地下传导,大部分热能传导到地下,成为土壤贮热。传导来的热量,加上原来蓄积的热量,以两种主要途径向外散失:一种是夜间或阴天地面没有热量补给时,由地面向空气中释放热量,进行热交换,地表温度低于下层温度,下层土壤的热量便向地表传导,补充地表的热量,进而补充空气的热量;另一种是横向传导。由于温室四周被冻土层包围,热量就要通过横向传导,散失到室外。

日光温室从太阳辐射获得热量,又从以上 3 种方式损失热量。热量损失的途径见图 1-28 和图 1-29。

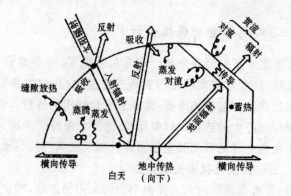

图 1-28　日光温室白天热平衡示意图

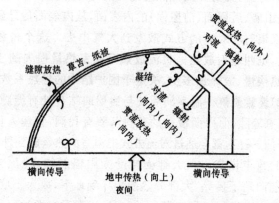

图 1-29　日光温室夜间热平衡示意图

　　日光温室从太阳辐射能获得热量,又通过贯流放热、缝隙放热和地中传热放出热量,这个过程符合热平衡原理。当温室获得的热量与放出的热量相等时,室温保持不变,当获得的热量多,放出的热量少时,室温升高。反之,获得的热量少于放出的热量时,首先气温下降,气温降到低于地温时,土壤中的贮存热量传导到地面,补充空气热量,地温随着下降,进而发生冻害。

日光温室的保温设计就是在科学采光设计的基础上,千方百计地减少放热速度和放热量,使日光温室获得的热量始终多于放出的热量。

2. 提高日光温室保温性能的措施

(1)减少贯流放热　日光温室损失热量多的是贯流放热。保温设计把贯流放热的减少放在首位。减少贯流放热的措施是降低围护结构的导热系数。降低导热系数的途径,对后墙、山墙和后屋面加大厚度,或采用异质复合结构,前屋面夜间覆盖草苦保温。

土筑墙或毛石筑墙,外侧培土,使墙体总厚度超过当地冻土层厚度的 30%～50%,导热系数最低。永久式的墙体和后屋面,采用异质复合结构,后墙和山墙采用砖砌夹心墙,内墙24 厘米,外墙 11.5 厘米,中间留出空隙 13.5 厘米,总厚度 49厘米。中空、填珍珠岩、炉渣、锯末,墙体的贮热和保温效果也有差异(表 1-9)。

表 1-9　夹心墙不同填充物蓄热保温比较

处　理	内墙表面温度 大于室内时间	墙夜间平均放热量 (瓦/米²)	室内最低气温 (℃)
中　空	15 时至翌日 4 时	2.9	6.2
锯　屑	15 时至翌日 8 时	7.6	7.6
炉　渣	15 时至翌日 8 时	13.8	7.8
珍珠岩	15 时至翌日 8 时	37.9	8.6

后屋面铺木板箔,上面加草苦,再铺炉渣,抹水泥沙浆,进行防水处理,可降低后屋面的导热系数,提高保温效果。

日光温室贯流放热量最大部分是前屋面的塑料薄膜,面积大,导热最快。晴天太阳光照强,透入温室内的太阳辐射能多,转化的热量超过放出的热量,温度就上升,午后随着太阳高度角的缩小,透入温室内的太阳辐射能减少,转化的热量小于贯流放出的热量以后,温度就开始下降。夜间热能来源断绝,放热照常进行,就要进行覆盖保温。北纬40°地区冬季用5厘米厚草苫覆盖,40°以北地区在草苫下增盖4层牛皮纸被。日光温室在节能方面居世界领先水平,除了采光科学外,前屋面的保温措施也是重要条件。覆盖草苫、纸被效果见表1-10。

表1-10 日光温室覆盖草苫、纸被效果 (℃)

保温条件	4时的温度	室内外温差	覆盖草苫增温	加盖纸被增温
室　外	-18.0			
不覆盖	-10.5	+7.5		
覆盖草苫	0.5	+17.5	10	—
覆盖草苫、纸被	6.3	+24.3	—	6.8

(鞍山市园艺科学研究所测试)

(2)减少缝隙放热　建造日光温室应特别注意围护结构的严密性。夯土墙、草泥垛墙分段进行时,不能直茬对接,要余茬重叠连接,以免产生干缩缝。后屋面和后墙交接处要严密。砖墙应在外表面抹水泥沙浆,内表面抹白灰。温室进出口外设作业间,由作业间通往温室的门要挂棉门帘。在温室内靠门口处用塑料薄膜围起来,上端固定在后屋面上,下端垂于地面,作为缓冲带。管理人员出入时扒开薄膜,尽量减少空气对流。

(3)防止地中横向传导放热　墙体加厚,后部设通道,栽培区的地中传导放热可避免,东、西山墙除了墙体厚,还因为面积较小放热量少。温室前部室内外只有一层薄膜相隔,放热量最大,需要采取措施。传统的方法是在温室外前底脚处挖防寒沟,宽40厘米、深50厘米,装入乱草,培土踩实。近年采用竖埋5厘米厚、50厘米宽的聚苯板,效果更好。

（四）日光温室的建造

1. 场地的选择与规划

（1）场地选择　日光温室必须阳光充足。选择场地，南面不能有山峰、树木、高大建筑物等遮光物体，大烟囱、电线杆都不能有。地下水位低，土质疏松，交通方便，还要避开山口、河谷等风道及机动车辆频繁通过的乡间土路，不靠近排放烟尘的工厂。最好充分利用已有的水源和电源。

（2）温室群规划　日光温室以外向型生产为主，发展较大的温室群，发挥大批量生产优势，吸引外地客商，拓宽销售渠道。选好场地，首先要调整好土地，丈量面积，测准方位，确定温室的跨度、高度、长度及前后排温室间距，绘制田间规划图，即可按图施工。

①确定方位角　首先在场地需要设置主干道位置，利用罗盘仪测出磁子午线，再根据当地磁偏角调整测出真子午线。不同地区的磁偏角见表1-11。

②计算温室前后排间距　前后排温室间距过小遮光，间距过大浪费土地。建造日光温室应在不影响后排温室采光的前提下，尽量缩小间距。计算前后排温室间距的方法，需根据温室的脊高，加上卷起草苫的高度和冬至日太阳高度角，按下列公式计算：

$$S = h/tgH_0 - L_1 - L_2 + K$$

式中：S为前后排温室的间距（米）；h为温室最高透光点（含卷起草苫的高度，可按0.5米计算），tgH_0为当地冬至日正午时太阳高度角的正切值，L_1为温室后屋面水平投影，L_2为温室后墙底宽（米），K为修正值（取1.1～1.3米）。因为按公式计算为中午不遮光，加上修正值可保证揭开草苫后，放下草苫前不遮光。

表 1-11　全国部分地区的磁偏角

地　区	磁偏角	地　区	磁偏角
齐齐哈尔	9°54′(西)	长　春	8°53′(西)
哈尔滨	9°39′(西)	满洲里	8°40′(西)
大　连	6°35′(西)	沈　阳	7°44′(西)
北　京	5°50′(西)	赣　州	2°01′(西)
天　津	5°30′(西)	兰　州	1°44′(西)
济　南	5°01′(西)	遵　义	1°25′(西)
呼和浩特	4°36′(西)	西　宁	1°22′(西)
徐　州	4°27′(西)	许　昌	3°40′(西)
西　安	2°29′(西)	武　汉	2°54′(西)
太　原	4°11′(西)	南　昌	2°48′(西)
包　头	4°03′(西)	银　川	3°35′(西)
南　京	4°00′(西)	杭　州	3°50′(西)
合　肥	3°52′(西)	拉　萨	0°21′(西)
郑　州	3°50′(西)	乌鲁木齐	2°44′(东)

例如,北纬 40°地区建造跨度为 7.5 米,3.5 米高的日光温室,后屋面水平投影 1.5 米,墙体厚度为 0.61 米,卷起草苫高 0.5 米,冬至日的太阳高度角为 26.5°,其正切值为 0.498,代入公式:S=(3.5+0.5)÷0.49-1.5-0.61+1.1=7.15,间距为 7.15 米(图 1-30)。

③绘制田间规划图　选好场地,丈量面积,测准方位,确定温室的跨度、高度、长度及前后排温室间距,温室群的交通干道,按 1∶100 或 1∶500 绘制田间规划图(图 1-31)。

2. 竹木结构日光温室建造

(1)筑墙　山墙和后墙用草泥垛土墙或夯土墙,墙体厚度根据当地冻土层厚度决定。冻土层深度 0.6～0.7 米的地区,墙体厚度为 1 米;冻土层深 1 米的地区,墙体厚 0.6～0.7 米,

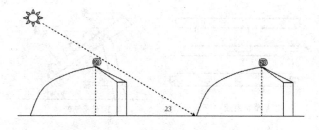

图 1-30　前后排温室间距示意图

墙外培防寒土 1 米。土筑墙用土量比较大，可在温室面积内取土，使温室地面低于室外，避免取别处土，还有利于保温。但取土前先将 20 厘米深表土堆放一边，用下层土筑墙。

(2) 安装后屋面骨架　后屋面骨架分为桅檩骨架和檩椽骨架

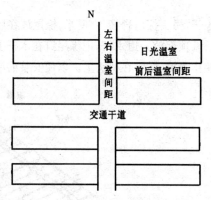

图 1-31　日光温室田间规划示意图

两种结构，各有特点。檩椽结构比较节省建材，桅檩结构比较坚固。

①桅檩结构　由中柱、桅、檩组成后屋面骨架。中柱支撑桅头部，桅尾担在后墙上，每 3 米 1 架桅。桅头伸出柱外 40 厘米左右，桅尾无立柱支撑，土墙容易被压坏，下面可用木板垫住。中柱向后倾斜 80°左右。桅上放三道檩，脊檩对接成一直线，腰檩和后檩错落摆放（图 1-32）。

②檩椽结构　由脊檩、中柱和椽子组成。相当于桅檩结构的脊檩由每 3 米立 1 中柱支撑，脊檩和后墙部按 30 厘米间距铺

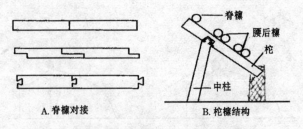

图 1-32　脊檩对接和柁檩结构示意图

　　椽子,椽头探出脊檩 40 厘米,椽尾放在后墙上,为防椽尾下沉,在后墙顶部放一道木杆,把椽尾钉在木杆上。椽头上部用木杆或木棱作瞭檐,横钉在椽头上。以便安装前屋面拱杆(图 1-33)。

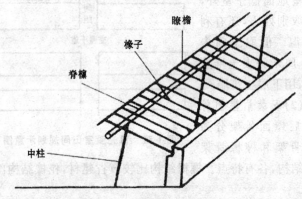

图 1-33　檩椽结构后屋面骨架示意图

　　③覆盖后屋面　在檩上和椽上用高粱秸或玉米秸勒箔,抹草泥,上面抹一层沙子泥,以防裂缝。上面再铺乱草或玉米秸,平均厚度达到墙体厚度的 40%～50%。

　　(4)安装前屋面骨架

　　①半拱形前屋面骨架　用竹片作拱杆,弯成弧形,拱杆间

距 50～60 厘米,上端固定在脊檩或瞭檐上,下端插入土中,近地面放 1 道木杆,把竹片绑住。中部设 1 道腰梁,前部设 1 道前梁,每 3 米立 1 前柱和腰柱,用塑料绳把拱杆绑在腰梁和前梁上(图 1-34)。

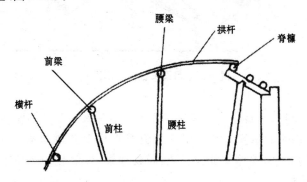

图 1-34　竹木结构半拱形温室前屋面骨架

　　②悬梁吊柱前屋面骨架　在距温室前底脚 40～50 厘米处钉 1 排木桩,木桩间距 3 米,与中柱相对。每 3 米设 1 木桁架(松木杆),桁架上端固定在柁头上,下端固定在前底脚木桩上。桁架上用木杆作横梁,前横梁放在立柱部位,上部和中部用较粗的横梁。在各拱杆下设 20 厘米长的小吊柱,下端担在横梁上,上端支撑拱杆。小吊柱两端 4 厘米处钻孔,插入细铁丝固定在横梁和拱杆上(图 1-35)。

3. 钢管骨架无柱温室安装

　　(1)墙体建造　内外墙均砌 24 厘米墙,或外墙砌 11.5 厘米墙,中间留出 11.5 厘米空隙,填入炉渣、珍珠岩或装入 5 厘米厚的聚苯板两层。后墙顶部浇筑钢筋混凝土梁。先砌内墙,清扫地面后放上聚苯板,双层错口安放,接口处用胶纸粘合,再砌外墙,外墙表面抹水泥沙浆,内墙表面抹白灰。

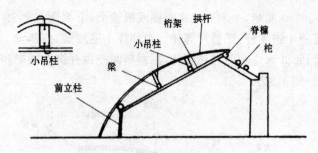

图 1-35 悬梁吊柱温室示意图

(2)拱架制作 一般先在施工场地制做一个拱架模具,以保证拱架的弧度一致。用 6 分镀锌管作上弦,$\phi12$ 毫米钢筋作下弦,$\phi10$ 毫米钢筋作拉花,焊成骨架,骨架上、下弦的间距 20 厘米。

(3)拱架焊接 在温室前底脚处浇筑混凝土地梁,预埋角钢。后墙顶部浇 6～8 厘米厚混凝土顶梁,预埋角钢。安装骨架先在靠东西山墙立两片骨架,温室中部也立 1 片骨架,在骨架最高处用 1 根 5 厘米×5 厘米的槽钢,把 3 片骨架连成整体。然后按 85 厘米间距,把骨架全部立起来,上端焊在后墙顶端角钢上,下端焊在地梁角钢上。中部再用 2 根 4 分镀锌管作拉筋,焊在下弦上(图 1-36)。

(4)建造后屋面 在后墙混凝土梁垂直外侧用红砖砌筑 50 厘米高女儿墙。后屋面骨架上铺 2 厘米木板箔,木板箔上铺 5 厘米厚的聚苯板,上面再铺 1 层 5 厘米厚稻草苫,草苫上铺炉渣,把女儿墙顶部和骨架顶部的三角区铺平,抹水泥沙浆后,再用两毡三油进行防水处理。

4. 日光温室覆盖塑料薄膜种类及方法

(1)塑料薄膜的种类 适合日光温室的塑料薄膜种类较

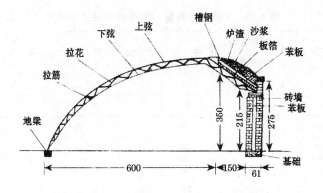

图 1-36　钢管骨架无柱温室示意图　（单位:厘米）

多,有聚乙烯双防膜、聚氯乙烯双防膜、聚氯乙烯防尘耐侯无
滴膜、聚乙烯多功能复合膜、乙烯－醋酸乙烯多功能膜、漫反
射膜、光转换膜。日光温室栽培辣椒对薄膜要求不太严格,可
选购比重较轻,售价较低的薄膜。但是,普通聚乙烯薄膜和普
通聚氯烯薄膜因为透光率低,不适宜用作日光温室的薄膜。

　(2)覆盖方法　为便于通风,在温室前底脚处设 0.8～
0.9 米高的围裙。方法是用 1 幅薄膜,上边卷入塑料绳或麻
绳,烙合成筒,上端绑在各拱杆上。塑料薄膜下边埋入土中。
两端拉到墙外固定在山墙上。上部覆盖一整幅棚膜,上边固
定在中脊或后屋面上,下部延过围裙 30 厘米。展平拉紧,每
两根拱架中间用 1 条压膜线压紧薄膜。

　5. 日光温室建造材料的用量　为了便于菜农朋友新建
日光温室参考,下面以跨度 7.5 米,脊高 3.5 米,长 88.85 米,
面积 667 平方米的日光温室为例,将竹木结构半拱形日光温
室、悬梁吊柱日光温室和钢骨架无柱日光温室的建造材料列
于表 1-12 至 1-14。

表 1-12　半拱形日光温室用料表　（667 平方米）

材料名称	规格（厘米）（长×直径）	单　位	数量	用　途	备　注
木　杆	200×12	根	31	柁	
木　杆	350×8	根	31	中　柱	
木　杆	300×10	根	30	脊　檩	
木　杆	400×10	根	60	腰后檩	
木　杆	150×8	根	31	前　柱	
木　杆	400×5	根	23	腰　梁	
木　杆	400×5	根	23	前　梁	
木　杆	300×8	根	31	腰　柱	
竹　片	600×5	根	112	拱　杆	
竹　片	400×4	根	56	底脚拱杆	截断用
木　杆	400×4	根	25	固定底脚拱杆	防拱杆下沉
巴　锔	20×φ8毫米	个	60	固定檩木	
钉　子	7.5厘米（3吋）	千克	2	钉木杆	
塑料绳		千克	3	绑拱杆	
草　苫	800×150×5	块	110	夜间保温	
薄　膜	0.1毫米	千克	70	覆盖前屋面	
高粱秸		捆	1000	勒　箔	
稻　草		千克		垛　墙	
压膜线		千克	15	压薄膜	
竹　竿	600×6	根	16	后屋面上栓绳	

表 1-13 悬梁吊柱温室用料表 (667平方米)

材料名称	规 格(厘米) （长×直径）	单 位	数 量	用 途	备 注
木 杆	200×12	根	31	柁	
木 杆	330×8	根	31	中 柱	
木 杆	300×10	根	30	脊 檩	
木 杆	600×8	根	31	桁 架	
木 杆	400×10	根	60	腰、后檩	
木 杆	400×8	根	60	腰、后梁	
木 杆	400×5	根	23	前 梁	
木 杆	150×8	根	31	前 柱	
木 杆	30×4	根	224	小吊柱	
竹 片	600×5	根	112	拱 杆	截断用
竹 片	400×4	根	56	底脚拱杆	
木 杆	400×4	根	25	固定底脚拱杆	
巴 锔	20×φ8毫米	个	100	固定檩、梁	
钉 子	7.5厘米(3吋)	千 克	2	钉木杆	
塑料绳		千 克	3	绑拱杆	
薄 膜	0.1毫米	千 克	70	覆盖前屋面	
高粱秸		捆	1200	勒 箔	
压膜线		千 克	15	压薄膜	
草 苫	800×150×5	块	110	夜间保温	
稻 草		千 克		垛 墙	
竹 竿	600×6	根	16	后屋面上栓绳	
细铁丝	φ1.6毫米	千 克	2	固定小吊柱	

表 1-14 钢管骨架无柱温室用料表 （667 平方米）

材料名称	规格(厘米)	单位	数量	用途	备注
镀锌管	6分(G3/4)×9.6	根	106	骨架上弦	
钢 筋	φ12毫米×9.0	根	106	骨架下弦	
钢 筋	φ10毫米×9.6	根	106	拉 花	
钢 筋	φ10毫米×90	根	4	顶梁筋	
镀锌管	φ14毫米×90	根	2	拉 筋	
槽 钢	(5厘米×5厘米×5厘米)×90	根	1	屋脊拉筋	固定薄膜顶部
角 钢	(5厘米×5厘米×4毫米)×90	根	2	焊接骨架	预埋顶梁、地梁
钢 筋	φ5.5毫米×0.35	根	210	顶梁箍筋	
红 砖		块	70000	墙体	
水 泥	325#	吨	20	沙浆、浇梁	
沙 子		立方米	40	沙 浆	
毛 石		立方米	35	基 础	
碎 石	2～3厘米	立方米	3	浇 梁	
苯 板	200×100×5	张	30	隔热保温	
细铁丝	φ1.6毫米	千克	2	绑 线	
木 材		立方米	4	箔、门窗	
白 灰	袋装	吨	0.5	抹墙里	
沥 青		吨	1.5	防 水	
油毡纸		捆	20	防 水	
薄 膜	0.1	千克	75	覆盖前屋面	
压膜线		千克	15	压 膜	
草 苫	800×150×5	块	110	夜间保温	

6. 日光温室的辅助设备

(1) 作业间 在温室山墙外靠近道路的一侧设置作业间。作业间的面积多为 20～30 平方米,通向温室的门应紧贴温室后墙。作业间是管理人员休息场所,也是放置小农具,进行产品分级包装的地方。更主要是通过作业间进出温室,起到缓冲作用,减少缝隙放热,提高保温效果。

(2) 给水设备 在建温室前进行田间规划时,就要打深机井,建水塔或大型贮水池,埋地下管网。水塔或贮水池的容量不应少于 50 立方米,出水口与温室地面的高程差应达到 10 米以上,送水的压力达到 0.1～0.2 兆帕。

管道是把水塔或贮水池的水引向温室的通道。大的温室群需三级管道:干管、分管和支管组成。干管设在温室群的一端(南端或北端),在不设作业间的山墙外设南北延长的分管,每栋温室设 1 支管。干管和分管用铸铁管,支管用钢管或高压聚乙烯管。干管内径 150 毫米,分管内径 100 毫米,支管内径 37.5～50 毫米。埋在冻土层下,水流入输水管之前需用尼龙纱过滤,以防泥土堵塞。

日光温室最适宜的灌溉方式是软管滴灌。多用聚乙烯塑料薄膜滴灌带,厚度为 0.8～1.2 毫米,直径有 16 毫米、20 毫米、25 毫米、32 毫米、40 毫米、50 毫米等规格。日光温室的垄、畦比较短,可选用直径小的软管。在软管的左右两侧各有一排直径 0.5～0.7 毫米的滴水孔,孔距 25 厘米,两排孔交错排列。

在日光温室内东西拉一道输水管(内径 40 毫米的高压聚乙烯管),一端连在进入温室的支水管上,另一端封死,输水管上按软带(管)位置打孔,孔上安装旁通,软带(管)接在旁通上扎紧,软带(管)另一端也扎紧。连接软带(管)的输水管设在靠后墙处,安装方便,但是管理上不方便,最好将输水管设在前底脚处。

用压力表可将水压调到 0.03～0.05 兆帕,压力过大容易造成软管破裂。没有压力表可从滴水软带(管)的表现判断:软带(管)呈近圆形,水声不大,可认为压力合适;圆带(管)绷得太紧,水声较大,可认为压力偏大,应及时调整。应用滴灌,要用农家肥做基肥,并且要施足,以便于减少追肥次数。

(3)输电线路 在进行温室群田间规划时,输电线路和灌溉管网必须统一规划,地下电缆与输水管网统一埋设在冻土层下,既节省人工,又可避免影响交通和造成遮光。

(4)卷帘机 日光温室前屋面夜间靠覆盖草苫保暖。温室长度多在 80 米以上,每栋温室要覆盖百余块草苫。每天早晨卷起,傍晚前放下,需要两个人在温室上、下同时操作,需要较长的时间完成。在严寒的冬季,日照时间短,光照弱,温度低的情况下,卷放草苫时间性极强,卷早了降低温度,卷晚了浪费了光照。放早了减少了光照时间,放晚了降低温度。可见日光温室在最短的时间内完成草苫的卷放,才可最大限度延长见光时间,充分利用太阳辐射能,所以使用电动卷帘机是最佳选择。

安装卷帘机需要在温室的中脊上或后墙上设支架,支架由 1 根槽钢或 2 根角钢做成,每 3 米设一个,槽钢顶部焊上轴承。支架高出中脊 0.5～0.8 米。用直径 5 厘米、与温室长度相等的钢管穿入轴承,利用电机和减速机带动钢管转动,缠紧或放松卷帘绳,实现草苫的自动卷放。

(5)补助加温设备 日光温室采光科学,保温性能好,在北纬 40°及其以南地区,一般冬季生产不需要加温。但是有时气候反常,连续阴天降雪揭不开草苫,再出现寒流强降温,难免遭受冻害或低温冷害。即使不受害,作物生育得不到适宜温度,也会影响正常生长发育,延迟采收期,降低产量和品质。所以,补助加温是必要的。

日光温室补助加温设备,主要有烟道加温和热风炉加温。

①烟道加温　在温室靠后墙部位距离温室门 15 米左右处设 1 个火炉,连接 7～8 米长的烟道,烟道末端由烟筒伸出后屋面。火炉用红砖砌成。先挖东西长 110 厘米,南北宽 50 厘米,深 50 厘米的坑,在坑内靠烟道一端砌 10 层砖高(60 厘米)的火炉,灰膛 5 层砖高(30 厘米),上面安装炉篦,炉篦上砌 5 层砖高(30 厘米)的炉膛。炉膛直径 26 厘米,火炉高出地面 5～10 厘米。

烟道可用瓦管,也可用砖砌筑,靠火炉 1 米左右需要用砖砌筑。烟道要有 1/3 的坡度,缝隙要用沙子泥抹严,以防漏烟(图 1-37)。

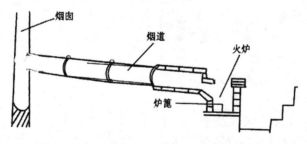

图 1-37　烟道加温示意图

②热风炉加温　火炉设在室外,燃烧煤炭产生的热风,由热风筒进入温室内,放出热风,气温上升快,不污染环境,对作物没有危害。热风炉已有专门制造的厂家;应用时可根据需要选购。塑料热风筒专业户自己能制作,薄铁筒和安装需要

请专业人员进行。

塑料热风筒用聚乙烯薄膜烙合,筒的直径 20 厘米,长 30 米左右。在筒上按一定距离打孔,使热空气从孔中冒出,塑料热风筒距离热风炉越远,孔洞应越多。热风筒也可以从温室中部进入温室向两侧延伸。刚进入热风筒的热风温度高,需要有 2～3 米长的薄铁筒连接热风炉和塑料薄膜风筒。

(五)日光温室的环境特点及调控

1. 光照条件及调控 利用日光温室进行辣椒反季节栽培,关键时期是日照时间短、光照最弱的冬季和早春。这个时期太阳高度角最小,又只有前屋面进光,经过前屋面塑料薄膜吸收和反射,太阳辐射不能全部透入室内,加上拱杆、横梁、立柱等的遮荫,室内的光照更进一步减少。所以,这个季节光照不足是辣椒温室生产的突出问题,必须争取太阳光最大限度进入温室。

(1)日光温室的光照分布与变化

①日光温室光照的时空分布 日光温室内的光照强度变化与自然界是一致的,午前随着太阳的升高而增强,中午光照最强,光照度最大,午后随着太阳高度角缩小而降低,其曲线是对称的(图 1-38)。

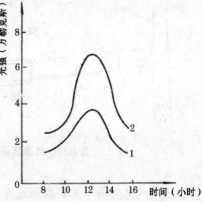

图 1-38 日光温室光照度与日照时间示意图

1. 温室内光照强度 2. 外界光照强度

②日光温室光照的水平分布　　光照在水平分布方向上差异不明显。从后屋面的水平投影以南,是光照度最强的区域。在距地面 0.5 米以下的空间里,各点的光照度都在 60%左右。南北方向上差别较小。在东西方向上,由于山墙的遮荫作用,午前东山墙内侧出现三角形阴影,午后西山墙内侧出现三角形阴影,并逐渐扩大,直到覆盖草苫或日落为止。

后屋面下的光照,由南向北递减,后屋面越长光照的递减越明显。

③日光温室光照的垂直分布　　距前屋面薄膜越近,光照度越高,向下递减,递减速度比室外大。薄膜附近的相对光强80%左右,距地面 0.5~1 米处的相对光强只有 60%左右,距地面 0.2 米处只有 55%左右。

(2)光照条件的调节　　日光温室冬季生产,日照时间短,光照弱,辣椒易徒长,易落花,在没有人工补充照明的条件下,必须最大限度地提高透光率。具体措施如下。

①减少建材的遮光　　钢架无柱温室,骨架截面小,透光率最高,是发展方向。竹木结构温室,利用桁架建成悬梁吊柱温室,取消前屋面的立柱,透光率也有较大提高。

②选用透光率高的薄膜　　应选择透光率高,流滴持效时间长无滴膜。覆盖时要充分展平拉紧,用压膜线压牢,防止出现皱褶。还要经常清扫外表面,防止污染,影响透光。

③张挂反光幕　　利用聚脂镀铝膜,张挂在温室后墙部,作为反光幕,太阳光照到反光幕上,反射到反光幕前的地面和空间,有明显增强光照提高气温和地温的作用。镀铝膜幅宽为1 米,两幅镀铝膜对接,用透明胶带粘合,在后屋面下栽培畦北侧,东西横拉一道细铁丝,把反光幕上边用胶带粘在细铁丝上(也可用曲别针固定),垂直张挂。

④延长光照时间 日光温室夜间覆盖草苫防寒,要想延长光照时间必须缩短覆盖时间,即提早卷起、延后放下草苫。日光温室应用卷帘机,667平方米的温室,6～7分钟即可卷放完毕,可有效延长见光时间。另外,保温效果好的温室和气温上升快的温室,都可适当延长见光时间。

2. 温度条件及调控 辣椒是喜温蔬菜,对温度要求较高。利用温室在冬季反季节栽培,在冬季和早春,要求气温和地温符合辣椒生长发育的要求,除了科学地采光和保温设计、合格的建造施工标准外,还需要根据辣椒不同生长发育阶段对温度的要求,进行调控。

辣椒在生长发育过程中,对温度的要求有最适宜的温度范围,下限温度和上限温度。在适宜温度范围内生育良好,低于下限、高于上限温度,轻则发生生理障碍,重则遭受损失。适宜温度、下限温度、上限温度称为三基点温度。此外,还要求有温度周期。即白天温度高,夜晚温度低,达到一定的昼夜温差,才能生育正常。这是辣椒长期在自然气候条件下,系统发育过程中形成的特性。日光温室辣椒反季节栽培,在温度调节上就是创造接近自然条件下的适宜温度。

(1)日光温室的地温

①热岛效应 北方冬季严寒,土地封冻。以北纬40°为例,冻土层达0.7～0.8米,最深可达1米。日光温室内地温却在10℃以上。这种现象成为热岛效应。从地表到50厘米深,都有增温效应,以浅层增温最多。

②地温的水平分布 日光温室内由于光照水平分布的差异,各部位接受太阳光的强度和时间长短,与外界土壤邻接的远近不同,受进出口的影响,地温的水平分布表现为:5厘米地温不同部位差异较大,以中部地带温度最高,由南向北递

减,后屋面下地温稍低于中部,比前沿地带高。东西方向上温差不大,靠近进出口的一侧温度变化较大,东、西山墙内侧地温最低。

地表温度在南北方向上变化比较明显,但晴天和阴天表现不同,白天和夜间也不一致。晴天的白天中午最高,向北向南则递减;夜间后屋面下最高,向南递减;阴天和夜间地温变化的梯度较小。

③地温的垂直分布　冬季日光温室内的土壤温度,垂直方向上的分布与外界明显不同。自然界0～50厘米的地温,随深度而增高,土层越深温度越高,晴天或阴天都是一致的。日光温室则完全相反,晴天浅层温度高,深层温度低,阴天特别是连阴天,由于气温下降,由土壤贮存的热量释放出来补充,越靠近地表损失的热量越多,故深层土壤的温度高于浅层土壤。如果连续7～10天阴天,地温只能比气温高1℃～2℃,在没有补助加温的情况下,就要出现冻害。

白天和夜间温度的垂直分布也不同。晴天的白天地表温度最高,随深度的增加而递减,13时达最高;夜间10厘米深处最高,向上向下均低;20厘米深处的地温白天与黑夜相差不大。阴天20厘米深处的地温最高。

④地温的日变化　以太阳辐射能为热源的日光温室,一天中随着草苫的卷放,透入太阳光的时间在变化,地温也随着变化。表示地温变化通常用日较差和位相两个概念。日较差是指一天中最高与最低的地温的差数;位相是指最高和最低温度出现时间。

晴天光照充足时,地表温度最高,向下随深度的增加而降低。地表最高温度出现在13时,5厘米最高地温出现在14时,10厘米地温最高值出现在15时左右。每小时向下传递5

厘米左右。地温的日较差以地表最大,向下随深度的增加而减少,在 20 厘米深处日较差最小。

(2)日光温室的气温

①日光温室气温的来源　日光温室的气温主要靠太阳辐射能。太阳辐射能的日变化,对日光温室的气温有极大的影响。太阳辐射强时,气温上升快,温度高,阴天的散射光仍能使气温有一定的提高,夜间或覆盖草苫后,太阳辐射断绝,气温则平缓下降,下降的快慢决定于保温措施。

刚放下草苫,温室气温要回升 2℃～3℃,原因是贯流放热量突然减少,而墙体、温室构件、土壤的贮热向空气中释放,所以短时间内气温回升。

②室内外气温对比　日光温室内气温远远高于外界的气温,但是与外界有相关性。光照充足的白天,外界温度较高时,室内气温升高也快,温度也高,外界温度低时,室内气温升高慢,温度也较低。但是,室内外温度不是正相关,因为日光温室的温度完全取决于光照强度。冬季外温很低时,只要是晴天,光照充足,室内气温就比较高;阴天外界气温不是很低,室内气温也比较低,可见采光设计的重要性。采光科学,保温措施有力,日光温室内外温差可达 25℃ 以上,即外界在－20℃时,室内最低气温仍可保持 5℃ 以上(表 1-15)。

③日光温室气温的日变化　气温晴天变化显著,阴天不明显。冬季气温最低时间出现在早晨卷草苫前。有时卷起草苫后稍有下降,接着很快上升,在密封条件下每小时上升 6℃～10℃,以 11 时前上升最快,13 时达到高峰,以后缓慢下降,15 时后下降速度加快,直到放下草苫为止。放下草苫后气温回升 1℃～3℃,以后缓慢下降,第二天卷草苫前最低。下降速度与外界温度及风速有关,主要决定于保温措施。

表 1-15 日光温室不同天气的气温 （℃）

日 期 (月/日)	天气条件	最低气温		增温	最高气温		增温	平均气温		增温
		内	外		内	外		内	外	
12/25	晴	9.7	−5.8	15.5	29.0	0.9	28.1	16.1	−2.8	18.9
12/26	阴天	8.0	−8.4	16.4	15.5	−2.3	17.8	10.9	−5.2	16.8
12/27	阴有小雪	9.2	−10.0	19.2	9.2	−0.8	13.0	8.6	−7.3	15.9
12/30	连阴 3 天	7.4	−4.2	11.6	14.5	−0.8	15.3	9.6	−2.9	12.5
翌年 1/3	阴转晴积云	8.7	−19.6	28.3	28.3	−7.0	30.2	13.9	−11.7	25.6
1/15	有时多云	9.5	−9.0	18.5	25.0	2.9	22.1	14.8	−1.7	16.5

④日光温室气温的水平分布 不论东西之间、南北之间都存在明显的不均匀性。中部 1～2 米的范围内最高,向南向北递减,在前沿和后屋面下变化梯度较大。晴天白天南部气温高于北部,夜间北部气温高于南部。前部昼夜温差大,对辣椒的生长发育有利。所以前部植株发育良好,产量、品质优于后部。东西方向上分布的差异较小,只有靠东、西山墙 2 米左右处的温度比较低,靠近出口处最低。

⑤日光温室空气温度的垂直分布 冬季密闭的条件下,温室内的气温在垂直分布上,表现为上高下低。但在中部以南 1 米左右有个低温层,这个低温层随季节在改变,1 月份大约距地面 1 米高,2 月份上升至 2 米左右,比上下部位低 0.5℃左右。气温的垂直分布因位置而不同,随时间而变化。距前底角 1 米处的垂直变化梯度大,但早晚温度低时变化梯度小,中午由于温度高,变化梯度大。

(3)日光温室的温度调节

①地温调节 提早覆盖温室前屋面塑料薄膜,增加土壤贮热量,深翻,增施农家肥,高垄、高畦和覆盖地膜是提高地温

的有效措施。

②气温调节　日光温室调节气温包括保温、补助加温和降温。遇到寒流强降温时补助加温，畦面扣小拱棚，覆盖无纺布保温。没有补助加温设备的日光温室，突然遇到寒流强降温，可采取临时性的补救措施：一种是在温室中放炭火盆，把木炭在室外烧红后再放入温室，以免辣椒受害；另一种方法是在温室前底角处每米点1支蜡烛。一般情况下室内辣椒不致遭受冻害。

夏季防高温覆盖遮阳网，都是调节气温的措施。

3. 水分条件及调控

日光温室的水分包括土壤水分和空气相对湿度，与露地有很大差异。调节土壤水分和空气相对湿度，是辣椒反季节栽培的重要技术环节。

(1)土壤水分　土壤水分来源于覆盖前屋面塑料薄膜前，土壤中贮存的水分、降水和田间灌水，棚膜覆盖后完全靠灌溉。日光温室是一个半封闭系统，空气相对湿度比较大，土壤水分蒸发、栽培作物蒸腾水分都比较少，土壤经常保持湿润状态。

日光温室不受降水的影响，除灌水时土壤水分向下运动外，土壤水分多数时间向上运动，这样就容易把土壤中的盐分带到表层，使盐类积聚，产生次生盐渍化。

日光温室土壤水分的变化规律有季节变化和日变化规律，冬季地温低，消耗水分少，浇水后土壤湿度变大，持续时间也较长，秋末、夏初、春末气温高，光照充足，植株生长旺盛，蒸腾量大，地面蒸发量也大，加上通风量大，通风时间长，水分散失多。在一天当中，白天消耗水分多，夜间消耗水分少，晴天消耗水分多，阴天消耗水分少。总体上看，日光温室水分消耗比露地少，多数时间土壤湿度大于露地。由于土壤毛细管的作用,即使下层水分已经不足时,土壤表面也经常保持湿润状态,容易给人们造成不缺水的错觉。等到从植株形态上表现出缺水症状时才知道缺水,已经造成了不良影响。

(2)空气湿度

①空气相对湿度的变化规律 日光温室内气流比较稳定,温度高,蒸发量大,环境密闭,在寒冷的冬季,与外界对流很少,所以出现高温情况比较多。露地只有降水或凌晨空气相对湿度超过 90％,晴天达 90％的情况很少见。而在日光温室里,空气相对湿度超过 90％是经常的,夜间、阴天、温度低的时候空气相对湿度达到饱和或接近饱和状态。高湿条件对辣椒生长发育不利,还容易引发病害。

日光温室在密闭的条件下,空气相对湿度的变化有两个原因:一个是地面蒸发量的大小和作物蒸腾量的大小,另一个是温度的高低。地面蒸发量和作物蒸腾量大时,空气相对湿度就高。在日光温室中,空气中含水气质量相同,温度升高,空气相对湿度就变小。当每立方米空气中含水量为 8.3 克,气温 8℃时空气相对湿度为 100％,12℃时为 77.6％,16℃时为 61％。在空气中水分得不到补充时,随着温度的升高,空气相对湿度随之下降。开始温度上升 1℃,空气相对湿度下降 5％～6％,以后下降 3％～4％。实际上随着温度的上升,地面蒸发,叶面的蒸腾也在增强,空气中的水分也在补充,只是补充的量远远低于空气相对湿度下降的速度。

日光温室空气相对湿度的变化,因季节和天气而不同。从季节来看,低温季节变化幅度大;从天气来看,阴天空气相对湿度大。在一天中夜间空气相对湿度大。从管理上看,通风前空气相对湿度大,通风后下降,浇水前空气相对湿度小,浇水后,特别是漫灌后空气相对湿度大。

②空气相对湿度的测定　日光温室测定空气相对湿度常用的是干湿表,由两支温度表和一个供水器构成。其中1支温度表测量气温,另外1支温度表的感应部分用纱布包起来,通过纱布吸收供水器内的水分,输送到表的球部,测量由于水分蒸发冷却而下降的温度。其原理是:当空气中水气未饱和时,湿球表面的水分就要蒸发,带走热量,从而湿球表面及其附近的空气降温。空气干燥时,蒸发强度大,降温就明显,就造成湿球和干球的差距,用此差数从表上可查出空气相对湿度。

使用干湿表必须保持湿球充分湿润,湿球水分不足会产生误差,影响精确度。纱布要清洁、柔软湿润,供水器应用无离子的水,不含无机盐,以免影响蒸发速度,使湿球示度不准确。

(3)日光温室的湿度调节　日光温室栽培辣椒,不论高温高湿或低温高湿,对生长发育都是不利的,还容易引起生理障害和侵染性病害。但是空气相对湿度过低,对生长发育也不利。只有适宜的空气相对湿度,才能满足生育的需求。可见调节空气相对湿度是一项重要的技术措施。

①调节空气湿度　冬季外界气温很低,通风排湿比较困难,不通风室内空气相对湿度太大,通风又降低气温,可采用通风筒通风排湿。通风筒高50厘米,上口直径20厘米,下口直径30厘米,用聚氯乙烯薄膜烙合成筒,上口卷入10#铁丝,中间用细铁丝拉成十字。

通风筒设在靠前屋面的屋脊处两拱杆间的薄膜上,按3米间距,用专用粘合剂把下口粘合牢固,切除下口的屋面薄膜。在两拱杆横绑1条塑料绳,通风时用细竹竿上端支在"十"字上,下端放在塑料绳上,把通风筒支起,闭风时撤细竹竿,通风筒落在屋面上(图1-39)。

进入春季,外温升高后,可在围裙上扒缝通风。除了通风

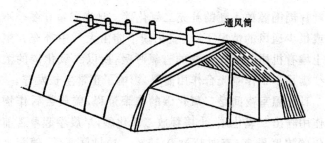

通风筒

图 1-39 日光温室通风筒示意图

排湿外,地面覆盖地膜也是降低空气相对湿度的有效措施。

②调节土壤湿度 日光温室调节土壤湿度只有人工灌溉。常用的灌溉方法有两种:一种是地面灌溉,一种是滴灌。灌水应根据辣椒不同生育期的需水量和天气情况进行。冬季灌水应在坏天气刚过,好天气刚开始时进行。最怕刚灌完水就遇到灾害性天气,连续不见太阳光,温度低,湿度大,既影响正常生长,又容易引起病害。所以冬季最好实行滴灌。

进入春季以后,由于温度高,光照强,通风量大,通风时间长,土壤水分蒸发快,辣椒生长旺盛,需水量大,需要加大灌水量。

4. 气体条件及调控 日光温室在寒冷季节很少通风,空气的组成与室外有很大的差别,对辣椒生长有较大的影响。突出的特点是二氧化碳浓度的变化规律与露地区别明显。另外,由于肥料分解及其他原因,造成有害气体中毒现象也时有发生。

(1)二氧化碳 自然界大气中二氧化碳的含量为0.032%。这样浓度对多种作物进行光合作用都不能满足需要,但是光合作用却能正常进行,原因是空气是流动的,作物的叶片周围源源不断的补充二氧化碳。日光温室在冬季不通风或很少通风的情况下,二氧化碳不能由大气中补充。主要靠土壤有机质分解和作物的有氧呼吸,所以二氧化碳的浓度往往满足不了作物光合作用需要,影响了正常生长发育。

日光温室夜间是二氧化碳的集聚过程,盖草苫后作物呼吸作用呼出二氧化碳,土壤释放二氧化碳,早晨卷起草苫前二氧化碳浓度最高,有时超过 0.15%。卷起草苫后,随着光照的增强,温度的升高,光合作用旺盛,二氧化碳浓度很快下降,在不通风的情况下,光合作用就要受到影响。特别是土壤有机质含量较低,再覆盖地膜,二氧化碳更显不足,所以人工施用二氧化碳就是必要的,也是一项有效的增产技术措施。

大量研究证明,温室中二氧化碳浓度提高到大气中二氧化碳浓度的 3～5 倍,对多种园艺作物的光合作用是有利的。

人工施用二氧化碳的方法很多,可施放纯净的二氧化碳,也可采用化学反应法。

纯净二氧化碳有干冰和液态二氧化碳,成本高,生产上很少使用,化学反应法在日光温室生产上已经普及。主要是硫酸与碳酸氢铵反应,除了产生二氧化碳外,最终产物可作化肥。

首先稀释硫酸,在耐酸的缸、盆、桶中加入适量的清水,将浓硫酸(96%～98%)按水量的 1/7 缓慢地沿容器边缘注入水中,边注入边搅拌,1 次稀释 3～5 天的用量。特别注意,不能将清水往硫酸中注入,以免硫酸飞溅伤人。二氧化碳是较重的气体,盛装的容器应悬挂在距地面 1 米高处,每 667 平方米需要 10～20 个点,每个点装入稀释的硫酸加入 150 克左右碳酸氢铵。每天卷起草苫 30 分钟后进行。所需硫酸和碳酸氢铵见表 1-16。

表 1-16　硫酸与碳酸氢铵投料表

设定浓度 (%)	需要二氧化碳		反应物投放量(千克)	
	重　量	体　积	96%硫酸	碳酸氢铵
0.05	0.3929	0.2	0.4554	0.7054
0.08	0.9821	0.5	1.1384	1.7634
0.1	1.3751	0.7	1.5938	2.4688
0.12	1.7079	0.9	2.0491	3.1741
0.15	2.3571	1.2	2.7321	4.2321
0.2	3.3393	1.7	3.8705	5.9955
0.25	4.3214	2.2	5.0089	7.7589
0.3	5.0336	2.7	6.1473	9.5223

注:原有二氧化碳浓度以 0.03% 计,设定浓度应减去 0.03%,例如设定浓度为 0.10%,则需新增 0.07%

20 世纪 90 年代,随着二氧化碳化学反应法的应用,各地都有二氧化碳发生器出售。把稀释的硫酸和碳酸氢铵按比例放入发生器中,打开开关即可施放,用带孔的细塑料管,吊在前屋面骨架上,可均匀释放到空气中。

随着温室二氧化碳的应用和普及,各地都有成品二氧化碳生产,市场上已有片状、颗粒状和粉状的二氧化碳肥出售。使用时按说明书施用,非常方便。

(2)有害气体　日光温室中最容易发生的有害气体有氨、二氧化氮、二氧化硫和乙烯等。

①氨　温室密闭的条件下,空气中氨气浓度达到 5 微升/升时,辣椒就要受害。主要危害靠近地面的老叶。最初叶片像被开水烫过,干燥后变成褐色。氨气的发生是由施肥不当引起的。在地面撒施未腐熟的鸡粪、饼肥,发酵过程中释放氨气,撒施碳酸氢铵、尿素,不及时浇水也能释放氨气。

②二氧化氮(亚硝酸气体)　温室中二氧化氮的浓度达到

2 微升/升时,辣椒就要受害。二氧化氮的发生是土壤酸化呈强酸性(pH 值在 5 以下),或土壤中有大量的氨积累。施入土壤中的氮肥,要经过有机态氮供作物吸收利用。当氮肥使用量过大,使土壤在硝化细菌作用下酸化,使亚硝酸向硝酸转化的转向受阻,而铵态氮向亚硝酸态的转化受影响较小,因转化的不平衡,使亚硝酸在土壤中大量积累,在土壤酸性条件下,亚硝酸不稳定而气化。土壤中铵态氮越多,发生的亚硝酸气越多,危害的时间越长,也越严重。近地面叶片像被水烫过一样,后期叶片变白,严重时仅留叶脉。

日光温室生产一次性大量施肥或上茬施肥过多,下茬又大量施氮肥,容易发生二氧化氮危害。

③二氧化硫　在温室中二氧化硫的浓度达到 0.5~1 微升/升,就会对辣椒造成危害。辣椒受害叶片变白。二氧化硫的产生,多在作物生长期间用硫磺粉熏蒸消毒,或燃烧未脱硫的液化气,或燃烧煤碳中含有硫化物造成的。

④乙烯　日光温室的前屋面覆盖聚氯乙烯塑料薄膜,没有经过通风,盖完膜立即栽苗,在密闭的情况下,放出乙烯造成危害。空气中乙烯浓度达到 0.1 微升/升,辣椒就要受害。首先叶片下垂、弯曲,进而褪绿变白或变黄,严重时枯死。乙烯通过气孔进入,能扩散至全株,引起生理失调,植株变畸形,甚至枯死。

日光温室需要提前覆盖前屋面薄膜,经过几天通风,薄膜所析出的乙烯气体完全释放出来,并已通过通风放到室外,日光温室覆盖薄膜以后,室内已更换了新鲜空气,方可定植辣椒幼苗。

5. 土壤营养条件及调节

(1)温室土壤的特点　温室土壤的温度高,很少缺水,土壤微生物活动旺盛,土壤养分的转化、有机质的分解都比较快。生产过程中全靠人工灌溉,不受雨淋,土壤养分不容易流失,肥料利用率高。

温室复种指数高,施肥量大,土壤溶液浓度大,容易产生次生盐渍化。土壤水分在毛细管作用下向表层运动,残留在土壤中各种肥料的盐分向表层积聚,造成表层盐分过高,对辣椒生长不利。

由于连作和化肥施用较多,土壤理化性质容易变坏,还会增加铁、铝、锰等元素的可溶性,减低钙、镁、钾、钼等元素的可溶性。容易使辣椒营养元素缺乏或过剩,使植株生长不良,甚至发生生理障害。

(2)温室土壤管理

①防止土壤盐分浓度过高的危害 盐类积聚引起土壤溶液浓度过高,是普遍存在的问题。露地菜田土壤溶液浓度一般在3 000毫克/千克左右,温室可高达7 000~8 000毫克/千克,有的甚至高达10 000毫克/千克。其原因有两个:一是施肥过多,二是不受自然降水淋洗,剩余的盐类不被淋溶。

土壤溶液浓度与灌水量有关,灌水量大,土壤溶液浓度低,灌水量小,土壤水分少,溶液浓度高。但是冬季温度低,靠灌水降低土壤溶液浓度行不通,覆盖地膜是可行的途径。

土壤的类型对溶液浓度也有影响。有机质含量高的土壤缓冲能力强,盐类溶液浓度升高慢,大量施优质农家肥可以改良土壤。

②日光温室除盐 分为两种类型:一类是在建温室前在地下50~60厘米深处按1米间距埋设内径10厘米的多孔硬塑管,温室四周设50~60厘米深的排水沟,温室休闲期间大量灌水,将盐分溶于水中排到室外,使土壤含盐量降低到

3 000毫克/千克以下;另一种是利用夏季种植一茬吸肥能力强的苏丹草或玉米,从土壤中吸收大量游离氮素。

6. 灾害性天气及对策

(1)大风天气　日光温室生产过程中难免遇到大风天气。在温室选址建造时就应考虑避开风口。从温室的前屋面构形考虑,半拱形和琴弦式抗风能力强,一斜一立式,前屋面薄膜遇到大风时,压膜线压不牢,只有在屋面上压一段竹竿,薄膜才不至于上下摔打而破损。夜间遇到大风天气应密切注意,发现草苫被风吹移动,及时拉回原处压牢,否则易发生冻害。

(2)暴风雪天气　有时大风伴随强烈的北风,大量的雪花被吹落在温室前屋面上。雪被风吹压得很实,如不清除,雪越积越多,会把温室压塌。这时要用刮雪板把积雪清除掉。

(3)寒流强降温　在冬季寒流强降温的天气有时会出现,如果不事先有所准备,不能及时采对措施,就要受到损失。可见,日光温室的补助加温设备,宁可不用,不可不备。遇到寒流强降温天气,在室内气温降到适宜温度的下限以下时,即可进行加温。

日光温室辣椒反季节栽培,从育苗开始就应进行大温差、偏低温管理,控制浇水,提高植株的抗逆性,也是有效途径。

(4)连续阴天　日光温室的管理特点是晴天卷起草苫,阴天不卷草苫,遇到连续阴天,或一天中虽有几次见到太阳光,时间短暂,认为不值得卷起草苫,连续几天不见太阳光,不但温室热源断绝,光合作用也不能进行,必然使生产受到损失。

日光温室遇到阴天,只要温度不是很低就应卷起草苫。因为阴天仍有散射光,有时在辣椒光补偿点以上,不但能进行光合作用,气温也会有一定程度的提高。温室后部张挂反光幕,在阴天会起到一定程度的增加光照和提高温度的作用。

(5)连阴或雪后骤晴 日光温室冬季遇到阴天降雪,连续几天揭不开草苫。一旦天气骤晴,太阳光分外充足,卷起草苫后,温室内气温急剧上升,辣椒叶片萎蔫,并且越来越严重。遇到这种情况,应该放下草苫;过一段时间叶片恢复正常,再卷起草苫,过一段时间再放下,经过几次反复后,叶片不再萎蔫时为止。

出现萎蔫的原因是,连续几天不见太阳,气温、地温都低,辣椒根系活动微弱,吸收锐减,一旦突然骤晴,温度高,空气湿度很快下降,叶片蒸腾加快,根系吸收的水分满足不了地上部蒸腾水分的消耗,就会出现临时萎蔫。条件适宜尚能恢复,如果不及时采取措施,就要进一步达到永久萎蔫,不能恢复,最终枯死。

如果萎蔫严重,可用喷雾器向叶片上喷清水,再结合放下草苫,效果比较好,如果在清水中加入 1‰ 葡萄糖溶液,效果会更好。

第二章 辣椒的品种类型和生物学特性

辣椒,茄科辣椒属植物,别名番椒、海椒、秦椒、辣茄。原产于南美洲的热带草原,明朝末年传入我国,至今已有 300 余年的栽培历史,是目前我国栽培面积较大的蔬菜之一。

辣椒在我国南北普遍栽培,以果实供食,营养丰富,果实中含有蛋白质、糖、有机酸、维生素及钙、磷、铁等矿物质,其中维生素 C 含量极高,每 100 克鲜重含量达 1.85 毫克,居各类蔬菜之首。其次,胡萝卜素含量也较高,每 100 克鲜重含量为 1.56 毫克,是一般蔬菜的 3～4 倍。此外,还含有辣椒素,能增进食欲,帮助消化。辣椒的幼嫩果实和成熟果实均可食用,且食法多样,除鲜食外,还可腌渍、干制、磨酱、粉碎加工和冷冻脱水加工,是外销和出口的主要蔬菜之一。

一、品种类型

辣椒在我国栽培历史久远,栽培范围广,品种类型较多。其中一年生辣椒为栽培种,可根据果实性状、辣味有无和熟性早晚来分类。

(一)按果实性状分类

1. 灯笼椒类 此类辣椒植株粗壮高大,叶片肥厚,椭圆形或卵圆形。花大果大,果基部凹陷,果肉呈扁圆形、圆形或圆筒形。果皮有纵沟,嫩果多为绿色,成熟果红色或黄色,味甜,稍辣或不辣。东北、华北各地栽培的大辣椒属于此类。此类辣椒根据果实形状大小不同,又可分为以下 3 个品种群。

(1)甜椒 果实筒形或钝圆锥形,果面有 3～4 条纵沟。果肩较大,果肉厚,味甜,辣味少。植株粗壮高大,生长势强,抗病丰产。

(2)大柿子椒 果实扁圆,果面纵沟较多,果肉稍厚或中等,味甜,稍有辣味。植株较高大,生长势强或中等。

(3)小圆椒 果实扁圆,果型较小,果皮深绿色而有光泽,肉较厚,微辣,适于腌渍。株冠中等,稍开张。

2. 长辣椒类 此类辣椒植株中等而稍开张,果多下垂,长角形,先端尖锐,常弯曲,辣味强。按形状又可分为以下 3 个品种群。

(1)牛角椒 果实短角形,肉厚,味辣。

(2)羊角椒 果实细长,长羊角形,先端尖,果肉较厚或稍薄,坐果多,味辣。

(3)线辣椒 果实线形,较长,稍弯曲或果面皱褶,辣味很强,多作干椒用。

3. 簇生椒类 此类辣椒植株低矮丛生,茎叶细小开张,果实簇生而向上直立,可并生 2～3 个或 10 个。又名朝天椒,果实小圆锥形,肉较薄,辣味极强,多作干椒栽培。

4. 圆锥椒类 叶中等,果小,呈圆锥形或圆筒形,长约2.5～5 厘米,向上直立或斜生,辣味强。

5. 樱桃椒类 果实小,朝天着生,呈樱桃形,有红、黄、紫各色,极辣,可作干椒或观赏用。

(二)按果实辣味分类

1. 甜椒类型 属于灯笼椒类。植株高大健壮,叶片肥厚,花大果大,味甜肉厚,品质好,宜做鲜菜生食或炒食。

2. 半辣类型 多属于长角椒和灯笼椒类。植株中等,果实向下生长,果肉较厚,味较辣或微辣,炒食、腌渍、制酱均可。

3. 辛辣类型 多属于簇生椒类、圆锥椒类。植株较矮,分枝多,叶狭长,果实朝天生长,果皮薄,种子多,辣味浓烈,多作干椒栽培。

(三)按熟性早晚分类

1. 早熟类型 第一朵花着生节位在 8 节以下者。结果早,前期产量高,生育期较短。

2. 中熟类型 第一朵花着生节位在 8～12 节者。

3. 晚熟类型 第一朵花着生节位在 12 节以上者。植株高大,生育期长,产量高。

二、形态特征

(一)根

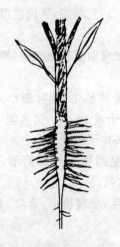

图 2-1 辣椒的两排侧根

辣椒根系不如番茄、茄子等发达。根系分布较浅,经育苗移栽,主根被切断,发生较多侧根,主要根群分布在 10～20 厘米土层中。辣椒的侧根着生在主根两侧,与子叶方向一致,排列整齐生出,俗称"两撇胡",(图 2-1)。根系发育弱,木栓化程度较高,再生能力差,根量少,茎基部不能象番茄那样发生不定根,所以栽培中最好采用护根育苗,以促进根系的发育。

根系对氧要求严格,不耐旱,又怕涝,不耐土壤高盐分浓度,必须选择疏松肥沃,透气性良好的土壤。

(二)茎

辣椒茎直立生长,木质化程度高。露地栽培时株高多在40～100厘米,温室长季节栽培株高可达2米左右。辣椒腋芽萌发力较弱,株冠较小,适于密植。辣椒的分枝习性是:主茎长到一定节数后,顶芽变成花芽,与顶芽相邻的2～3个侧芽萌发形成二杈或三杈分枝,分杈处都着生一朵花。前期的分枝主要是在苗期形成的,后期的分枝主要取决于定植后结果期的栽培条件。如果苗期夜温低,生育缓慢,幼苗营养状况良好时分化成三杈居多,反之二杈较多。后期侧枝长势不均,有强弱之分。主茎基部各节叶腋均可抽生侧枝,但开花结果较晚,应及时摘除,减少养分消耗。

辣椒的分枝结果习性很有规律,可分为无限分枝型和有限分枝型。植株上的第一个果实称门椒,依次向上属于同一层次的辣椒,则分别称之为对椒、四母斗、八面风和满天星,与茄子结果的叫法相同(图 2-2)。

1. 无限分枝型 植株高大,生长健壮,主茎长到 7～15 片叶时,顶端现蕾,开始分枝,果实着生在分杈处,每个侧枝上又形成花芽和杈状分枝,生长到上层后,由于果实生长发育的影响,分枝规律有所改变,或枝条强弱不等,绝大多数品种属此类型。

2. 有限分枝型 植株矮小,主茎长到一定节位后,顶部发生花簇封顶,植株顶部结出多数果实。花簇下抽生分枝,分枝的叶腋处还可发生副侧枝,在侧枝和副侧枝的顶部仍然形成花簇封顶,但多不结果,以后植株不再分枝生长。各种簇生

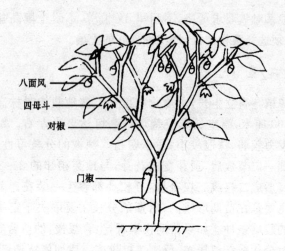

八面风

四母斗

对椒

门椒

图 2-2 辣椒的分枝结果习性

椒属有限型,多作观赏用。

(三)叶

子叶对生,长条形,叶面积较小,是真叶出现前的唯一的同化器官。真叶为单叶,互生,卵圆形或长卵圆形,全缘,叶端尖,叶面光滑,略有光泽。辣椒的叶形与营养素及环境条件有着一定的关系:氮素不足时,叶形变长;钾肥充足时,叶幅较宽;氮肥过多、夜温过高时,叶柄变长,且顶部嫩叶呈凸凹不平状;夜温低时,叶柄变短;土壤干旱时叶柄稍稍弯曲,叶身下垂;土壤过湿时,则会使整个叶片呈萎蔫下垂状。

随着植株生长,叶片及果实着生的位置要逐渐上移,株丛也在不断扩大。植株的生殖生长和营养生长是否协调,可以从结果位置以上的枝叶层厚度或开花位置以上展开叶数的多少来判断:结果节位以上枝叶层厚度在 20～25 厘米,或开花位置以上有 3～4 片展开叶时,则可以认为植株生长正常。若枝叶层厚度大于 20～25 厘米,节间显著伸长,花器小,质量差,则属于徒长型植株。反之,若开花位置距先端很近,节间很短,根系也差,这是营养生长受到抑制的植株长相。

辣椒的叶含有多种营养物质,其氨基酸、钙、铁、锰、铜、锌、硒等矿物质含量均高于果实,具有很高的食用价值。其嫩叶微辣,口感好,可凉拌或腌渍后食用。

(四)花

辣椒花是雌雄同花的完全花,花较小,花冠白色,6 片,基部抱合。与茄子类似,植株的营养状态影响花柱的长短。正常情况下,辣椒花的花药和雌蕊柱头平齐或稍长于柱头,叫做正常花或长柱花(图 2-3)。由于花朝下开放,花药成熟后开裂,花粉很容易落在柱头上,完成授粉、受精和结实。但植株营养不良时短柱花增多,由于柱头短于花药,花药开裂时,花粉很难落在柱头上,因而造成授粉不良,落花率增高。主枝及靠近主枝的侧枝营养条件较好,花器正常,而远离主枝的侧枝则营养状况较差,短柱花有时较多,落花率也较高。生产上可通过创造适宜环境条件、改善植株营养状况来避免和减少短柱花,提高辣椒坐果率。

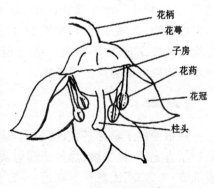

花柄
花萼
子房
花药
花冠
柱头

图 2-3　辣椒正常花示意图

辣椒以自花授粉为主,但由于花冠基部具有蜜腺,能够吸引昆虫传粉,故天然杂交率较高,达 15% 左右,属常自交作物,采种时必须隔离。

(五)果 实

辣椒果实为浆果,形状有灯笼形、方形、羊角形、牛角形、圆锥形、樱桃形等,小的只有几克重,大的则可达到 500 克左右。果皮与胎座组织往往分离,形成较大空腔,果实表皮有 15～20 微米厚的角质层。在心皮缝线处有纵隔膜(即果实的筋),细长果实多为 2 室,圆形或灯笼果多为 3～4 室。成熟果实多为红色或黄色,红色果皮中含有茄红素、叶黄素和胡萝卜素,绝大多数栽培品种在成熟过程中由绿色直接转红色,有少数品种由绿色转黄色再变红色。五色椒是由于一簇果实的成熟度不同而表现出绿、黄、红等各种颜色的果实。

栽培条件能够影响果实形状,植株营养状况不良,夜温过低,日照较弱,土壤干燥及密植条件下,果内种子少,果实肥大生长受到抑制,往往形成小果,严重时形成"僵果"。即使是正常果,在土壤干旱或土壤溶液浓度过大时抑制了水分的吸收,果实将变短;夜温过低时,果实变尖。枝叶不繁茂,阳光直射果面时常发生日烧病;土壤干燥,土温过高,肥料过多,水分和钙素吸收受阻时易发生顶腐病。

(六)种 子

辣椒的种子呈扁平状,微皱,形似肾脏,淡黄色或乳白色。新种子有光泽,辣味浓;陈种子颜色灰暗,有霉味。种子千粒重 5.2～5.8 克,大粒种子可达 6～7.5 克。种子寿命一般 5～7 年,但使用年限仅 2～3 年。

三、生长发育周期及特点

辣椒在热带是多年生灌木，在温带地区多作一年生栽培。辣椒的整个生长发育过程可分为发芽期、幼苗期、初花期和结果期四个时期，各期生长发育特点不同。

（一）发 芽 期

从种子萌动到子叶展开、真叶显露。在温湿度适宜、通气良好的条件下，从播种到现真叶需 10～15 天。同等条件下，均匀饱满的种子发芽快，幼苗长势强，因此，应选择饱满充实的种子作播种材料。

这一时期是幼苗由异养到自养的过渡阶段，开始吸收和制造营养物质，生长量比较小。管理上应促进种子迅速发芽出土，否则既消耗了种子内的养分，又不能及时使秧苗由异养转入自养阶段，导致幼苗生长纤细、柔弱。

（二）幼 苗 期

从第一片真叶显露到门椒现大蕾为幼苗期。幼苗期的长短因苗期的温度和品种熟性的不同有很大的差别。春夏季温度较高时育苗，辣椒幼苗期一般为 30～50 天，冬季温室育苗则需 70～80 天。幼苗期又可细分为两个阶段。

1. 基本营养生长阶段　从第一片真叶显露到具有 3～4 片真叶为止。这一阶段以根系、茎叶生长为主，是为下一阶段花芽分化奠定营养基础的时期。此期子叶的大小和生长质量直接影响第一花芽分化的早晚，真叶面积大小及生长质量将影响花芽分化的数量和质量。故生产上应注意培育子叶肥厚、真叶较大、叶色浓绿的壮苗。

2. 花芽分化及发育阶段 辣椒幼苗一般在3～4片真叶时,开始花芽分化,从花芽分化到开花约需1个月时间。此期幼苗根茎叶的生长与花芽分化和发育同时进行。

花芽分化与环境条件关系密切。

(1)温度 幼苗期要求较高温度,白天气温27℃～28℃,利于叶片同化作用,对花芽分化有利;夜温15℃～20℃为宜。夜温低,花芽分化节位高,开花延迟,但花的重量,子房重量增加,花的素质好。地温以24℃左右为宜。

(2)光照 辣椒属中光性植物,长日照条件和短日照条件下均能开花结果。但短日照对花芽分化有促进作用。光照强弱对花芽分化的影响不十分明显,但光照度小会使同化功能降低,幼苗营养状态不良,降低花的素质,而引起落蕾落花。所以,育苗期应提高光照度。

(3)密度 适当加大苗间距离,有利于根系发育及光合作用,可促进花芽分化,提高花的素质,特别是弱光季节尤为重要。

(4)土壤营养和水分 氮素充足,幼苗叶片大,茎粗,花数多,花的素质好,氮不足的植株矮小,幼苗发育不良。土壤水分多,花形成良好,开花结实也好,茎叶发育也正常,如果土壤水分不足,花的形成推迟,花的素质也不好,坐果率也降低。

可见,创造适宜的苗床环境,使秧苗营养生长健壮,正常进行花芽分化,是辣椒幼苗期的管理重点。

(三)初花期

从门椒现大蕾到坐果为初花期,需要20～30天。此期是辣椒从以根茎叶生长(营养生长)为主向以花果实生长(生殖生长)为主过渡的转折时期,也是平衡秧果关系的关键时期,直接关系到产品器官的形成及产量,特别是早期产量的高低。若茎叶生长过旺,出现"疯秧"现象,会引起开花结果延迟和落花落果,直接降低产量;反之,如茎叶生长弱,坐果多,则出现"赘秧"现象,植株生长缓慢,果实小,产量低。

(四)结 果 期

从门椒坐果到拉秧为结果期,一般需 90～120 天不等。此期植株不断分枝、开花结果,果实先后被采收,是辣椒产量形成的主要阶段,也是秧果生长矛盾最突出的时期,主要表现在以下几个方面。

1. 果实对茎叶生长和花器的发育影响

(1)果实对花的影响 当植株上结果数增加,果实膨大,特别是果实采收较晚,种子发育需要大量营养物质时,新开的花质量要降低,数量减少,结实率降低。如果摘掉部分果实,或提高采收频率,花的质量能提高,开花数和结实率可恢复正常。

(2)果实对茎叶的影响 进入结果期,叶片的同化物质优先向果实运转,向根系和茎叶输送较少,使茎叶生长受到一定影响。果实膨大消耗养分多,特别是果实在植株上生育时间长,则叶片数量、面积增长缓慢。

为解决上述矛盾,应在进入结果期以前,创造良好的环境条件,促进茎叶旺盛生长,培育强大根系;结果初期,适时早采,对增加开花数和提高结实率有重要意义。结果盛期,应加强肥水管理和病虫害防治,保证茎叶正常生长,延缓衰老,延长结果期,以提高产量。

2. 结果的间歇性 辣椒经常出现间歇结果现象,原因是结果负担重。当植株开花坐果以后,由于果实数的增加,果实的膨大,有优先占有同化物的特点。当结果负担量增加时,新分化的花发育不良,坐果率下降,出现结果的波峰和波谷。1个月出现1次,主要受光照和氮素影响,温度和水分也有作用。改善环境条件,培养素质良好的花蕾,使结果负担适宜,及时采收是缩小结果周期性的有效途径。

3. 结果的不整齐性 无限分枝型的辣椒,植株高大,二杈或三杈分枝,侧枝上每个叶腋都出现花蕾,并萌发副侧枝。一株辣椒发生很多副侧枝,长势必然不一致。健壮的枝条上结的果实形状标准、个大,而弱小枝条结果小、果形不标准。所以,应进行整枝,及时摘除弱小枝条,减少养分消耗,使果实、枝条生长均匀。

四、对环境条件的要求

辣椒对环境条件要求苛刻,喜温不耐寒,又忌高温暴晒;喜湿不耐旱,但又怕涝;喜肥沃土壤,不耐贫瘠。

(一)温　度

辣椒属喜温作物,辣椒生长发育的适宜温度为20℃～30℃,温度低于15℃生长发育完全停止,持续低于5℃则植株可能受害,0℃时植株很易产生冻害。不同生育期对温度的要求不同。

1. 发芽期 辣椒种子发芽的适宜温度为25℃～30℃,温度超过35℃或低于15℃发芽不良。25℃时发芽需4～5天,15℃时需10～15天,12℃时需20天以上,10℃以下则难于发芽。冬季育苗期,苗床地温、气温较低,生长缓慢,可利用电热温床、小拱棚等简易设施提高苗床温度,保温辣椒迅速出苗。

2. 幼苗期 种子出芽后,随秧苗的长大,耐低温的能力随之增强,具有 3 片以上真叶能在 5℃ 以上不受冷害。辣椒幼苗对温度要求严格,育苗期必须满足适宜温度才能正常生长。如果温度过高或过低,将影响花芽的形成,最后影响产量。以日温 27℃~28℃,夜温 15℃~20℃ 比较适合,对茎叶生长和花芽分化都有利。

3. 初花期 随着植株生长对温度的适应性逐渐加强,能忍耐一定程度的较高温度和较低温度。开花着果期适温为:白天 25℃~28℃,夜间 15℃~20℃。温度低于 15℃ 受精不良,容易落花。温度低于 10℃ 不能开花,已坐住的幼果也不易肥大,还容易出现畸形果。高于 35℃,花器官发育不全或柱头干枯不能受精而落花。温度过高还易诱发病毒病。

4. 结果期 辣椒在生长发育时期适宜的昼夜温差为 6℃~10℃,以白天 26℃~27℃;夜间 16℃~20℃ 比较适合。这样的温度可以使辣椒白天能有较强的光合作用,夜间能较快而且充分地把养分运转到根系、茎尖、花芽、果实等生长中心部位去,并且减少呼吸作用对营养物质的消耗。果实发育和转色,要求温度在 25℃ 以上。

(二)光 照

辣椒对光照要求不严格,光饱和点约为 30 000 勒[克斯],补偿点为 1 500 勒[克斯],与其他果菜类蔬菜相比,属耐弱光作物。超过光饱和点,反而会因加强光呼吸而消耗更多养分。夏季露地栽培辣椒,如果入伏前植株未封垄,强光直射地面,容易造成辣椒根系发育不良,引起病毒病和日烧病。所以,北方炎夏季栽培辣椒,采取适当的遮光措施能收到较好效果。冬春季进行设施育苗或栽培,如光照不足,植株同化物少,容易发生徒长和落花现象,影响产量。因此,冬春设施栽培应注意增光补光。

辣椒对光周期要求不严,光照时间长短对花芽分化和开花无显著影响,10～12小时短日照和适度的光强,能促进花芽分化和发育。

辣椒种子属嫌光性,自然光对发芽有一定的抑制作用,所以催芽宜在黑暗条件下进行。

(三)水　分

辣椒既不耐旱也不耐涝,其单株耗水量并不太多,但因根系不发达,必须经常供给水分,并保持土壤较好的通透性。在气温和地温适宜的条件下,辣椒花芽分化和坐果对土壤水分的要求,以土壤含水量相当于田间持水量的55％最好。干旱易诱发病毒病,水淹数小时,植株就会萎蔫死亡。结果期要求水分供应充足,雨季要及时排水,防止涝害。辣椒对空气相对湿度的要求以80％为宜,过高会引起发病,而湿度过低,又严重影响坐果率。

(四)土壤营养

辣椒根系对氧要求严格,因此要求土质疏松、通透性好的土壤,忌低洼地栽培。对土壤酸碱度要求不严,pH值6.2～8.5范围内都能适应。

辣椒需肥量大,不耐贫瘠,对氮,磷、钾等肥料都有较高的要求,此外还要吸收钙、镁、铁、硼、铜,锰等多种微量元素。整个生育期中,辣椒对氮的需求最多,占60％,钾占25％,磷为第三位占15％。足够的氮肥是辣椒生长结果所必要的,氮肥不足则植株矮,叶片小,分枝少,果实小。但偏施氮肥,缺乏磷肥和钾肥则植株易徒长,并易感染病害。施用磷肥能促进辣椒根系发育,钾肥能促进辣椒茎秆健壮和果实的膨大。

辣椒不同的生长时期对各种营养物质的需要量不同。幼苗期需肥量较少,但养分要全面,否则会妨碍花芽分化,推迟开花和减少花数;初花期多施氮素肥料,会引起徒长而导致落花落果,枝叶嫩弱,诱发病害;结果以后则需供给充足的氮、磷、钾养分,促进果实膨大,增加产量。

辣椒为多次成熟、多次采收的作物,生育期和采收期较长,需肥量较多,但耐肥力又较差。因此,在保护地栽培中,一次性施肥量不宜过多,否则易发生各种生理障碍。通常在施足基肥后,每采收一次施肥一次,以满足植株的旺盛生长和开花分枝的需要。每生产1 000千克辣椒,需氮5.19千克,磷1.07千克,钾6.46千克。同时,还可根据植株的生长情况喷施微量元素肥料1~2次,预防各种缺素症。具体用量和浓度可参照使用说明书。

第三章 栽培技术

一、茬口安排

辣椒保护地栽培,包括利用地膜覆盖、小拱棚、塑料大棚和日光温室等设施进行春提早、秋延后及越冬、越夏等反季节栽培方式。

(一)地膜小拱棚栽培茬口安排

1. 地膜覆盖栽培 地膜覆盖栽培有两种方式。一是春季定植前提前覆膜暖地,终霜过后在地膜上打孔,孔内浇少量水,待水渗下后栽苗,覆土,并将定植孔用湿土封严。另一种方式是改良地膜覆盖法,可利用高垄沟栽,于终霜前 7～10 天定植。缓苗后在地膜上扎孔通风锻炼,终霜后把秧苗引出膜外。不论哪种地膜覆盖,管理技术都与露地相同,基本属于露地早熟栽培。采收上市时间可比露地提前 7～15 天。

2. 小拱棚春提早栽培 利用小拱棚短期覆盖,提早定植,促进辣椒缓苗快、发棵早,高温强光到来前,植株已经旺盛生长,遮住地面,可防止高温障害的发生,有利于获得早熟高产。北方地区进行小拱棚覆盖辣椒,可于 1 月中下旬至 2 月中旬利用温室或温床育苗,苗龄 80～90 天,终霜前半个月定植。因小棚内温度变化剧烈,定植前需要加强秧苗锻炼,提高秧苗的抗逆性。小拱棚春提早辣椒,采收期可比露地提前 15～20 天,如管理好,不发生病害,可延迟采收至初霜期。

近年来,各地采用地膜加小拱棚双膜覆盖栽培,早熟高产效果更为明显。

(二)塑料大、中棚栽培茬口安排

辣椒对环境条件要求苛刻,利用塑料拱棚栽培,环境条件容易控制,可以正常生长发育,生理障害和各种病害很少发生。利用塑料大中棚栽培辣椒,包括春提早、秋延晚和多重覆盖越冬栽培等几种方式。

1. 塑料大中、棚春提早栽培　北方地区可于 12 月份至翌年 1 月份在日光温室中育苗,苗龄 80～90 天,3 月份定植,5 月份开始采收。由于环境条件适宜,对辣椒的生长发育有利,采收至 7 月下旬后进行剪枝再生;二茬果可一直采收到秋末冬初棚内出现霜冻为止,产品再经过一段时间的贮藏,供应期可大幅度延长。因此,这种栽培方式又称为塑料大棚一年一大茬栽培。

2. 塑料大、中棚秋延晚栽培　北方地区可于 5～6 月份育苗,7 月份定植,9 月份开始采收,直到 10 月末棚内出现霜冻为止。长江流域和华南地区气候温和,塑料大、中棚秋延晚栽培可于 7～8 月份育苗,9～10 月份定植,12 月份开始采收至翌年 2 月份结束。

3. 塑料大、中棚多重覆盖越冬栽培　华北以南地区,可利用塑料大、中棚内设小拱棚,小拱棚上再盖一层草苫的多重覆盖方式进行越冬栽培。华北地区可于 7 月份育苗,8 月份定植,10 月份门椒长成,至 11 月份天气变冷,不能继续结果,主要任务是将已长成的果实进行挂秧保鲜,直到元旦春节期间上市。长江流域,由于冬季气候温暖,可于 8 月份育苗,9～10 月份定植,12 月中旬开始采收直至翌年 4 月末,真正实现了越冬栽培。

(三)日光温室栽培茬口安排

日光温室栽培辣椒,要注意避开其他保护地设施辣椒的采收供应期,发挥其反季节生产的优势。根据各地气候条件、温室的保温性能和栽培品种的生长期长短,基本有以下3种茬口。

1. 日光温室越冬一大茬栽培　选择生长势强、抗寒能力强的辣椒品种,利用冬季保温性能好的日光温室进行辣椒一年一大茬长季节栽培的生产方式。这种方式一次育苗,长期采收,经济效益较高。一般于8月下旬至9月上旬播种育苗,11月上旬定植,春节前开始采收,如管理得当,可一直采收至翌年的7月末。

2. 日光温室早春茬栽培　北纬40°以北地区,日光温室冬季生产喜温蔬菜有困难,需要立春后外界温度回升后才能进行。有的在大寒后温度可以满足需要,定植期在1月中旬至2月中旬,提前80～90天在温室内加温育苗,尽量培育大苗,带大蕾定植,争取提早上市。

早春茬辣椒生育期间温光条件优越,植株生长旺盛,采收频率较高,7月下旬剪枝再生,采收期可延续到新年前后。

3. 日光温室秋冬茬栽培　7月中下旬遮阳避雨育苗,9月上旬定植,10月下旬至11月上旬开始采收,春节前结束。

二、辣椒品种选择原则与品种介绍

（一）品种选择原则

我国各地栽培辣椒比较普遍。近些年，在生产上推广使用的常规品种和一代杂交种很多，选择一个适宜的品种对生产者来说是非常重要的，它不仅可以降低生产成本，还容易抢占市场，获得较高的经济效益。

1. 考虑消费习惯 我国地域辽阔，不同地区人们的饮食习惯、爱好也各不相同。通常长江中、下游各地喜微辣型品种，中南、西南、西北则喜食辣味型品种，而华东、华北和东北地区多喜食甜椒型品种。因此，生产者在选用品种时，必须考虑消费地区大多数人的消费习惯。

2. 兼顾品种的产量和品质 品种的丰产性直接关系到生产者的收入，但随着人们生活水平的提高，消费者越来越注重辣椒商品质量。保护地辣椒生产也逐渐从"产量效益型"向"质量效益型"转变。因此，生产者在选用品种时，首先必须注意到它的产品质量，然后再看它的产量表现。

3. 考虑品种的适应性 选用品种还需要注意品种对栽培季节和栽培设施条件的适应性。有些品种在温室大棚里可能是个丰产的好品种，但是在露地栽培时产量可能就很低。同样，适于露地栽培的丰产品种，可能在保护地里由于植株长势过于旺盛，造成严重落花落果而大面积减产。同是在保护地栽培辣椒时，如地膜小拱棚辣椒要选择耐热性较强的品种，以确保安全越夏，而日光温室越冬茬则需要选用耐低温能力较强的品种。

4. 重视品种的抗病性 保护地辣椒栽培,连作难以避免,导致辣椒的病害日趋严重。选用抗病性好的品种,不仅可以降低生产成本,也是进行无公害生产所要求的。辣椒的病害比较多,不同的品种对病害的抗性是有明显差异的,必须根据不同栽培茬次发生的主导病害,选用对路品种。如塑料大、中棚秋延晚茬和日光温室秋冬茬辣椒,其育苗时间正在炎热多雨的 7 月份,病毒病往往会导致栽培失败。因此,必须选用抗病毒病能力强的品种。

5. 考虑果实的耐贮运性 目前建立辣椒生产基地,实行专业化生产,有的炎夏南运,有的隆冬北运,都对品种的耐运输和耐贮藏能力提出了比较高的要求。特别是塑料中棚两膜一苫覆盖栽培的秋延晚辣椒,通常需要挂秧保鲜 2 个月以上,必须选用特别耐贮藏的品种。

(二)普通甜椒品种

1. 中椒 5 号 中国农业科学院育成的中早熟甜椒一代杂种,获国家科技进步二等奖。该品种植株直立,生长势强,株高 55～60 厘米,开展度 42～47 厘米。连续结果性好,始花节位在 9～11 叶节,定植后 32 天左右开始采收。果实灯笼形,3～4 个心室,纵径 10 厘米、横径 7 厘米左右,单果重 80～120 克,品质优良,抗逆性强,有较强的耐热和耐寒性,不易患日灼病,抗烟草花叶病毒,中抗黄瓜花叶病毒。每 667 平方米产量 4 000～4 500 千克。耐贮运,商品性好。主要适宜露地早熟栽培,也可用作保护地栽培。

2. 中椒 7 号 中国农业科学院育成的早熟甜椒一代杂种。该品种植株生长势强,株高 65 厘米左右,开展度 59～60 厘米。第一花着生在 8～9 节,结果率高。果实为灯笼形,3～

4个心室,果色绿,果肉厚 0.4 厘米,单果重 100～120 克,果实大,商品率高,味甜质脆。耐病毒病和疫病。从定植到采收 28～30 天,比其他同类早熟品种早 5～7 天,每 667 平方米产量 4 000 千克。适于露地或保护地早熟栽培。

3. 中椒 11 号 中国农业科学院育成的中早熟甜椒一代杂种。该品种植株生长势强,株型直立,在保护设施内株高 70～100 厘米,开展度 80～90 厘米,连续结果性强,始花节位 8.6 节。果实长灯笼形,果面光滑,果色绿,纵径 11 厘米,横径 6 厘米,果肉厚 0.5 厘米,3～4 心室,单果重 80～100 克,味甜质脆。采收期果实整齐度好,品质佳,商品性突出,抗病毒病。定植至采收 30 天左右,每 667 平方米产量 4 200～5 500 千克。主要适于露地早熟栽培和春季保护地栽培。

4. 中椒 12 号 中国农业科学院育成的中早熟甜椒一代杂种。该品种植株生长势强,始花位 9.4 节,结果性好,果数多,果实方灯笼形,纵径 9.42 厘米,横径 6.61 厘米,肉厚 0.46 厘米,3～4 心室,果面光滑,果色绿,单果重约 100 克,味甜质脆,品质优良。对病毒抗性强,中抗疫病。从定植到始收约 40 天,每 667 平方米产量 5 000 千克左右。适于露地和保护地栽培。

5. 辽椒 4 号 辽宁省农业科学院园艺研究所育成的一代杂种。该品种株高 50～60 厘米,开展度 60 厘米左右,生长势较强。第一果着生于主茎 8～9 节,果方灯笼形、深绿色,果面不平整,果基部凹,心室 3～4 个,果肉较厚。味微辣,脆嫩,单果重 200 克左右。中早熟、生育期 110 天左右。抗病性较强,每 667 平方米产量 4 000～5 000 千克。适于露地或保护地栽培。

6. 辽椒 13 号 辽宁省农业科学院园艺所育成的甜椒一代杂种。属中晚熟品种,第一花着生节位 13～14 节,株高 55～60

厘米,幅宽 50～55 厘米。植株生长旺盛,果实纵径 10 厘米,横径 8 厘米,果肉厚 0.4 厘米。平均单果重 140 克,果肉脆嫩,果面光亮,商品成熟果绿色,生物学成熟果红色,结果能力强,坐果率高。每 667 平方米产量 5 000 千克,适宜保护地栽培。

7. 沈椒 4 号　辽宁省沈阳市农业科学院选育的甜椒一代杂种。该品种植株矮壮,株高 38 厘米,株幅 36 厘米,生长势较强。熟性早,9～10 节着生第一花,播种后 94 天左右开花,落花后 18 天左右可采收青果。果实长灯笼形,绿色,果长 11 厘米左右,果横径约 6 厘米左右,果肉厚 0.35 厘米,果面略有沟纹,单果重 60 克左右,有辣味,品质好。抗病毒病,耐低温性较强。每 667 平方米产量 3 000 千克。适于露地或保护地栽培。

8. 沈椒 6 号　辽宁省沈阳市农业科学院选育的甜椒一代杂种。该品种植株生长势强,株高 50～58 厘米,株幅 45～55 厘米,果形长灯笼形,果长 12～13 厘米,果实横径 7 厘米,果肉厚 0.32 厘米,平均单果重 80 克左右。果色深绿,果面皱褶,微辣,品质好。该品种抗逆性较强,耐低温,中抗病毒病和炭疽病,不耐疫病。中早熟,开花期 98 天,采收期 118 天,每 667 平方米产量 3 500 千克左右。适宜在早春地膜及春秋棚室栽培。

9. 津椒 2 号　天津市蔬菜研究所选育。该品种植株生长势较强,株高 67 厘米,开展度 62 厘米。第一花着生在主茎 8～10 节上,坐果率高,连续结果性能好。果实方灯笼形,纵径 9.5 厘米,横径 7.1 厘米,果面微皱,绿色,单果重 83 克左右,最大果重 139 克。果肉厚 0.33 厘米,3～4 心室,味甜,质脆。抗病毒病,早熟种,从定植至始收约 40 天。每 667 平方米产量 3 000～4 000 千克。适宜春季温室、大棚及露地栽培。

10. 津椒 3 号　天津市蔬菜研究所育成的一代杂种,具有高产、优质、抗病的的特性。耐低温、极早熟、微辣型,口感脆嫩,风味极佳,果实灯笼形,果面微皱,连续结果性强,抗病毒病,每 667 平方米产量 3 000～4 000 千克。适合温室及塑料大棚等保护地栽培,也可作露地早熟栽培。

11. 津椒 5 号　天津科润蔬菜研究所育成的极早熟甜椒一代杂种。该品种株高 65 厘米,株幅 55 厘米。果实绿色,灯笼形,果肉较薄,单果重 100～145 克,最大单果重可达到 170 克。果面有棱,口感脆嫩,维生素 C 含量高,口味甜。连续结果性强,单株结果 10～25 个,前期产量较高,每 667 平方米产量 5 000 千克左右。耐病毒病、疫病,耐低温弱光。始花节位 8～9 节,定植后 30 天收获。适宜日光温室和大棚等保护地栽培及露地促早栽培。

12. 甜杂 6 号　北京蔬菜研究中心选配的早熟甜椒一代杂种。该品种植株生长势较强,株高 73.3 厘米。多为三杈分枝,叶片绿色。第一花着生在主茎的 11 节上。果实灯笼形,绿色,果柄下弯,单果重 80 克,最大果重 110 克以上。果肉厚 0.4 厘米,味甜质脆,果皮腊质层薄,商品性好。坐果率高,连续结果性好。抗病毒病及疫病。适应性较强,耐低温,定植至采收 35 天,每 667 平方米产量 2 500～4 000 千克。适宜保护地及露地早熟栽培。

13. 甜杂 7 号　北京蔬菜研究中心选配的一代杂种。该品种植株长势强,叶片绿色。始花节位 12 节左右。果实灯笼形,果柄下弯,果面光滑,商品果绿色,老熟果红色,单果重 100～150 克。果肉厚 0.45 厘米,味甜,质脆,品质优良。耐病毒病。中熟种,每 667 平方米产量 2 200～5 000 千克。为保护地及露地栽培兼用品种。

14. 国禧 103　北京京研益农科技发展中心推出的中早熟甜椒一代杂种。果实方灯笼形，4心室率高，果实绿色，商品率高，耐贮运。果长11厘米，粗9厘米，单果重170～260克。低温耐受性强，持续坐果能力强，整个生长季果形保持很好，高抗病毒病，抗青枯病，耐疫病。适于北方早春、秋延后大棚及南菜北运基地种植，是目前我国增产潜力较大品种之一。

15. 国禧 107　北京京研益农科技发展中心推出的早熟甜椒一代杂种。果实绿色，方灯笼形，果表光滑，商品率高，耐贮运。果长12厘米，粗10厘米，肉厚0.53厘米，单果重170～300克。低温耐受性强，膨果速度快，持续坐果能力强，整个生长季果形保持很好，高抗病毒病，抗青枯病。适于华北保护地早春和秋延后拱棚种植。

16. 农大 8 号　北京农业大学园艺系育成的早熟甜椒一代杂种。具有早熟、抗病、丰产等优良特性。该品种坐果率高，连续结果性能好。果实灯笼形，果肉厚，单果重100克以上，果实绿色，果面光滑而有光泽，果肉脆甜，品质优良，商品性好。每667平方米产量3 500～4 000千克。适于温室和塑料棚栽培，也可作为露地早熟栽培。

17. 农大 40 号　北京农业大学园艺系育成的中晚熟品种。植株直立，株型紧凑，株高70厘米，株幅65厘米，茎秆粗壮，叶色深绿。主茎的10～12片叶腋处着生第一朵花，同一节位上着生1～2朵花。果实长灯笼形，有心室3～4个。嫩果为浅绿色，有光泽，老熟果红色，果肉脆甜，果肉厚0.5～0.6厘米，单果重150～200克。果实近花等部位多平展，果实发育速度快。抗病毒病，耐热。丰产性好，每667平方米产量4 000～5 000千克。该品种适应性强，耐贮运。

18. 农发　由中国农业大学园艺系育成的中熟甜椒品

种。该品种植株高大,生长势强,叶片肥厚,果实发育速度快。具有抗病、丰产、稳产、品质好等特点。比农大 40 号可提早采收 7～10 天。果实为长灯笼形,果大肉厚,单果重可达 150～200 克,果实绿色,果面光滑而有光泽,味道甜脆,品质极佳,商品性状好。每 667 平方米产量 5 000 千克左右。适于保护地和露地栽培,由于该品种长势强,在塑料棚种植时要严防植株徒长。

19. 农乐 由中国农业大学园艺系育成的早熟甜椒一代杂种。该品种植株长势强,坐果率高,连续坐果性能好。果实为长灯笼形,果肉厚 0.4 厘米,单果重达 100 克左右,果实绿色,果面光滑而有光泽,味甜,商品性状好。对病毒病抗性强,每 667 平方米产量 3 500～4 000 千克。适于露地早熟栽培和塑料棚栽培。

20. 太空甜椒 T100 河南省郑州市太空种苗开发部育成。属中早熟品种,植株健壮,生长势强,株高 65～110 厘米,株幅 45～75 厘米,叶色浓绿,叶面肥大。从定植到采收 50～55 天,始花节位 10～14 节,连续结果能力强,果实膨大速度快。单株结果 25～55 个,果长 13 厘米,横径 10 厘米,果肉厚 0.6 厘米,果肉率 90%,果实 3～4 心室,单果重 200～250 克,最大可达 350 克,单株产量可达 4 千克以上。红绿兼用品种,商品果绿色光亮,红色果味甜质脆,耐贮耐运,维生素 C 及可溶糖的含量高,产量高。每 667 平方米产量最低 6 000 千克,最高 10 800 千克,前期产量占 65%,后期产量占 35%。适宜保护地搭架栽培。

21. 冀研 5 号 河北省农林科学院蔬菜花卉研究所育成的早熟杂交种。该品种植株生长势强,分枝能力较强,植株较开展,叶片中等大小,株高 65 厘米,株幅 60 厘米,10 节左右着生第一花,果实灯笼形,果色绿,果肉中厚(0.4厘米),平均单果重95克,最大单果重200克,果实味甜品质好。该品种抗逆性较强,既耐低温弱光,耐热性又好,连续坐果能力强,且上下层果实大小均匀。对病毒病抗性好,较抗炭疽病、疫病。每667平方米产量4 000千克左右。该品种适应性广,在不同类型保护地及露地栽培,都能达到高产稳产。

22. 冀研6号 河北省农林科学院蔬菜花卉研究所育成的中早熟杂交种。该品种植株生长势强,较开展,11节左右着生第1花,结果率高,果实灯笼形,果色绿,果面光滑而有光泽,果形美观,果大肉厚(0.5厘米),耐贮运,单果重100克左右,最大单果重达250克,味甜质脆,商品性好,抗病毒病。每667平方米产量4 000千克左右。适宜早春保护地栽培和露地地膜覆盖栽培,喜欢果大肉厚的地区可种植。

23. 豫椒3号(新乡土88—10) 河南省新乡市农业科学研究所育成的新品种。该品种株高55厘米左右,8~9片叶现蕾,从开花至嫩果采收25天,果实绿色,灯笼形,单果重100克左右。具有极早熟、抗病、耐低温、耐弱光的特点。每667平方米产量4 500~6 800千克。适合早春日光温室、塑料大棚栽培。

24. 苏椒5号 由江苏省农业科学院蔬菜研究所育成的早熟甜椒一代杂种。该品种株型较矮,株高50~60厘米,开展度50~55厘米,节间短,较紧凑。始花节位在10节左右,果实长灯笼形,浅绿色,果面稍有皱,平均单果重40克以上,最大果重75克,果长10厘米,横径4~4.5厘米,果肉较薄,微辣,商品性好。较耐低温,耐疫病,耐黄瓜花叶病毒,抗烟草花叶病毒。该品种果实发育快,连续结果能力强,早期产量高。适于江苏、安徽、湖北和四川等地春季保护地早熟栽培。

(三)彩色甜椒品种

彩色甜椒又称大椒,是甜椒的一种,与普通甜椒不同的是其果实个头大,果肉厚,单果质量 200～400 克,最大可达 550 克,果肉厚度达 0.5～0.7 厘米。果形方正,果皮光滑、色泽艳丽,有红色、黄色、橙色、紫色、浅紫色、乳白色、绿色、咖啡色等多种颜色。口感甜脆,营养价值高,适合生食。彩色甜椒植株长势强,较耐低温弱光,适合在设施内栽培。在各种农业观光园区的现代化温室中进行秋冬茬、冬春茬栽培,于元旦、春节期作为高档礼品菜供应市场,经济效益较高。虽然甜椒有近 300 年的栽培历史,但彩色甜椒只在近几十年才开始发展,绝大部分品种均由欧美国家育成,价格昂贵。近年来,我国也育出了京彩系列和水晶系列彩椒品种,可替代部分进口品种。现将国内栽培较多的彩椒品种介绍如下。

1. 红罗丹 引自瑞士先正达公司的彩色甜椒一代杂种。该品种植株生长势强,节间短,坐果容易。连续坐果能力强,耐低温,适合在越冬温室中栽培,果实长方形,果皮光滑,3～4 心室,果实长 15 厘米,直径 9 厘米,单果重 250 克左右。果实绿色,成熟时由绿转红,绿果红果均可采收,果肉厚 0.7 厘米,耐运输。高抗病毒病,耐低温,耐弱光,适宜越冬温室栽培。

2. 红苏珊 引自瑞士先正达公司的彩色甜椒一代杂种。该品种植株长势中等,茎粗,节间短,连续坐果能力强,越冬后植株恢复快。果实方正,果长 9.5 厘米,果径 9 厘米,商品率高,单果均重 180 克。果肉厚,果实转色后颜色鲜红,靓美,味微甜,硬度好,耐贮运。绿果红果均可采收。定植至采收需要 85～95 天,全生育期 270～300 天。保护地生产每 667 平方米产量可达 10 000 千克左右,抗烟草花叶病毒。适应性广,适宜越冬及早春栽培。

3. 红英达　引自瑞士先正达公司的彩色甜椒一代杂种。该品种植株生长旺盛,收获时间集中,易坐果。果实方形,果长 12 厘米,果径 10 厘米,单果均重 200 克,果肉厚,果皮光滑,成熟时果实颜色由深绿转深红,味微甜,硬度好,耐贮运。绿果红果均可采收。抗烟草花叶病毒,耐马铃薯 Y 病毒 0,适应能力强,保护地生产 667 平方米产量为 10 000 千克左右。适宜早春、越冬及延后栽培。

4. 白公主　由荷兰引进的方型彩色甜椒早熟杂交种。生长势中等,要求地力较高。易坐果,果实方形,表面光滑,长 9.5 厘米,直径 9 厘米,平均单果重 170 克。幼果浅绿色,商品果蜡白色,过熟时颜色从蜡白色转为亮黄色。抗寒性中等,可在露地或温室内种植。极早熟,定植至采收需要 80～90 天,全生育期 280 天左右。一般 667 平方米产量 2 000 千克左右。

5. 紫贵人　由荷兰引进的方型彩色甜椒晚熟杂交种。长势中等,坐果能力强,极早熟。果实方形,长 9 厘米,直径 8 厘米,单果重 150 克。坐果始期半绿半紫,中期即为紫色,后变为深黑灰色,可根据需要随时采摘。果肉厚,品优味好,是制作色拉的好蔬菜。栽培上要注意一次性多留果。适宜保护地和露地栽培。

6. 橘西亚　由荷兰引进的彩色甜椒杂交种。植株生长旺盛,坐果能力强,果形方正。果实为四心室,果肉中厚,成熟时由绿色转为鲜艳的橘黄色。果型较大,果实长 10 厘米,直径 10 厘米,平均单果重 200 克,最大的达 600 克。植株高大,抗虫、抗病毒能力强,早熟,定植至采收需要 85～95 天,全生育期 280～300 天。一般 667 平方米产量 2 000～2 500 千克。适于露地和温室种植。

7. 黄欧宝　由荷兰引进的方型彩色甜椒中熟杂交种。植株高大,开展度也大,生长旺盛。果实大,在正常温度下,果长可以达到 10～12 厘米,直径可以达到 9～10 厘米,平均单果重 150～200 克,最大可以达到 300 克以上。成熟时颜色由绿转黄,果实皮薄肉厚,风味独特,无辛辣味,可以果菜兼用。耐低温、耐阴,在冷凉条件下坐果较好。具有多种抗性,适合于在日光温室和早春大棚里种植。定植至采收需要 80～90 天,全生育期 280～300 天。一般 667 平方米产量 2 500 千克左右。

8. HA-831 甜椒　以色列海泽拉公司推出的彩色甜椒品种。该品种为无限生长型,属中熟品种。植株高大,直立,生长势强,株高 1.8～2 米,生育期长达 10 个月以上,支架栽培。最高可达 3 米,果实大,果长 15～18 厘米,果横径 8 厘米,果型铃形,果色由绿转金黄,果肉特厚,肉质脆,果面平滑光亮,外形美观,商品性好。平均单果重 200 克,最大可达 500 克以上。耐贮运,货架期长,产量高。从播种到商品果成熟为 110 天左右。抗病毒能力强,尤其适于保护地栽培。

9. 考曼奇(HA-1134)　以色列海泽拉公司推出的彩色甜椒品种。该品种植株高大,中熟,果型大而长,果长 17 厘米,果横径 8 厘米,单果均重 300 克,3 心室,果肉厚,果色由绿色转金黄色。抗烟草花叶病毒和马铃薯病毒。适合保护地栽培。

10. 麦卡比(HA-1005)　以色列海泽拉公司引进的彩色甜椒品种。该品种植株中等,扩展株型,中熟,果型大而长,果长 16 厘米,果横径 8 厘米,单果均重 240 克,3 心室,果肉厚,果色由绿色转红色。抗烟草花叶病毒。适合保护地栽培。

11. 萨菲罗　引自荷兰瑞克斯旺公司。植株开展度中等,生长势中等,节间短,果实大,长方形。果实长 12～14 厘米左右,果实外表光亮,绿色,果肉厚 0.35 厘米,心室 3～4

个,单果重 200～250 克,最大单果重可达 500 克以上,味甜质
佳。成熟时颜色红色,适应绿果采收,也可红果采收,商品性
好。抗锈斑病和烟草花叶病毒病,适应于日光温室、露地、早
春大棚种植。

12. 曼迪 引自荷兰瑞克斯旺公司。该品种植株生长势
中等,节间短,坐果率高。果实灯笼形,果肉厚,长 8～10 厘
米,直径 9～10 厘米,单果重 200～260 克。外表亮度好,成熟
后转红色,色泽鲜艳,商品性好。可以绿果采收,也可以红果
采收,耐贮藏、耐运输,货架寿命长,抗烟草花叶病毒病。适合
秋冬、早春日光温室种植。

13. 塔兰多 引自荷兰瑞克斯旺公司。该品种植株开展
度大,生长能力强,节间短。果实大,方形,成熟后转黄色,生
长速度快,在正常温度下,果长 10～12 厘米,直径 9～10 厘
米,果实外表光亮,适应绿果采收,也适应黄果采收,商品性
好,耐贮运。单果重 250～300 克,最大单果重可达 400 克以
上。抗烟草花叶病毒病、番茄斑萎病毒病和马铃薯 Y 病毒
病。适合冬暖式日光温室和早春大棚种植。

14. 橙星 2 号 由北京市蔬菜研究中心育成的中熟彩色
甜椒一代杂种。该品种植株生长健壮,始花节位 10～11 节,
持续坐果能力强。果实方灯笼形,果长 10 厘米,粗 9 厘米,果
肉厚 0.5 厘米,单果重 160～260 克。果实成熟时由绿色转橙
色,果面光滑,含糖量高,耐贮运。抗烟草花叶病毒和青枯病,
耐疫病,适于保护地栽培。

15. 黄星 2 号 由北京市蔬菜研究中心育成的中熟彩色
甜椒一代杂种。该品种植株生长健壮,始花节位 11～12 节,
持续坐果能力强。果实方灯笼形,果长、粗均为 10 厘米左右,
果肉厚 0.5 厘米,单果重 160～270 克。果实成熟时由绿色转

为金黄色,果面光滑,含糖量高,耐贮运。耐低温、弱光,抗病毒病和青枯病,耐疫病,适宜保护地栽培。

16. 红星 2 号 由北京市蔬菜研究中心育成的中熟彩色甜椒一代杂种。该品种植株生长健壮,始花节位 10～11 节。果实方灯笼形,果长 10 厘米,粗 9 厘米左右,果肉厚 0.5 厘米,单果重 160～270 克,整个生长季果形保持较好。果实成熟时由绿色转红色,果面光滑,含糖量高,耐贮运。耐低温、弱光,抗病毒病和青枯病,耐疫病,适宜保护地栽培。

17. 白星 2 号 由北京市蔬菜研究中心育成的中熟彩色甜椒一代杂种。该品种植株生长健壮,始花节位 10～11 节,持续坐果能力强。果实长方灯笼形,果长 11 厘米,粗 8.5 厘米,单果重 150～240 克,整个生长季果形保持较好。商品果为白色,成熟时转亮黄色,果面光滑,耐贮运。耐低温、弱光,抗病毒病和青枯病,耐疫病,适宜保护地栽培。

18. 紫星 2 号 由北京市蔬菜研究中心育成的中熟彩色甜椒一代杂种。该品种植株生长健壮,始花节位 10～11 节,持续坐果能力强。果实长方灯笼形,果长 10 厘米,粗 8.5 厘米,单果重 150～240 克。商品果为紫色,成熟时褪绿转暗红色,果面光滑,耐贮运。抗病毒病和青枯病,耐疫病,适宜保护地栽培。

19. 巧克力甜椒 由北京市蔬菜研究中心育成的中熟彩色甜椒一代杂种。该品种植株生长健壮,始花节位 10～11 节,持续坐果能力强。果实方灯笼形,果长 10 厘米,粗 9 厘米左右,单果重 150～250 克。果实成熟时由绿色转成诱人的巧克力色,果面光滑,含糖量高,耐贮运。抗病毒病和青枯病。适于北方保护地和南菜北运基地种植。

20. 黄玛瑙 北京市农技推广站育成的彩色甜椒一代杂

种。该品种植株生长旺盛,整齐,株高可达2米以上。果实方灯笼形,长宽均为10厘米左右,果肉厚,单果重200克左右,口感好,适宜生食做沙拉等。嫩果绿色,成熟果金黄色果皮富有光泽。抗病性强,产量高。适合露地和保护地栽培。

21. 橙水晶 北京市农技推广站育成的彩色甜椒一代杂种。该品种长势强,植株三权分枝居多,个别有四权分枝。叶片极大,色深绿,叶柄长度中等,叶脉规则、清楚。果实方灯笼形,长宽均为10厘米左右,果肉厚,单果重150～250克,嫩果绿色,成熟果橙黄色。每667平方米产量5 000千克以上。适合保护地栽培。

22. 红水晶 北京市农技推广站育成的彩色甜椒一代杂种。该品种植株生长旺盛,整齐,株高可达2米以上。果实方灯笼形,长、粗各10厘米左右,果肉厚0.7厘米,平均单果重200克左右,个大,口感好。嫩果绿色,成熟果鲜红色。耐低温、弱光,较抗病毒病。定植到初始采收100～120天。每667平方米产量5 000千克以上。适合露地和保护地栽培。

23. 紫晶 北京市农技推广站育成的彩色甜椒一代杂种。该品种叶片较大,叶色深绿。果实方灯笼形,长宽均为10厘米左右,果肉厚,果皮脆硬,单果重150～250克。嫩果深紫色,老熟后转为红色。适合保护地栽培。

24. 白玉 北京市农技推广站育成的彩色甜椒一代杂种。叶片颜色浅绿,叶片较小,叶柄较长,果实长灯笼形,长10厘米,宽8厘米,皮稍薄,平均单果重150克。果色由奶白色变为浅黄色。适宜保护地栽培。

(四)长辣椒品种

1. 中椒6号 中国农业科学院蔬菜花卉研究所育成的

中早熟微辣型一代杂种。该品种植株生长势强,株高45.3厘米,开展度60厘米。第一花着生在9~10节,结果多而大,果实粗牛角形,果色绿,果面光滑,外形美观,长13厘米,横径4.5厘米,2~3心室,单果重55~62克,味微辣,品质优良。抗病毒病和疫病。从定植到始收约32天,每667平方米产量3 000~5 000千克。抗逆性强,耐热,适于露地栽培和秋冬保护地栽培。

2. 中椒 10 号 中国农业科学院蔬菜花卉研究所育成的早熟微辣型一代杂种。植株生长势强,单株结果率高。果实羊角形,果色深绿,果面光滑,单果重20.5克,纵径11.7厘米,横径2.6厘米,肉厚0.26厘米。味微辣、脆嫩、风味好。抗病毒病,耐疫病。可在各种类型保护地进行早熟栽培。

3. 京辣 4 号 北京京研益农科技发展中心推出的中早熟辣椒一代杂种。果实长粗牛角形,嫩果翠绿色,果表光滑,耐贮运,商品性好;果长24~25厘米,粗4.3~5.5厘米,单果重90~150克。低温耐受性强,抗病毒病和青枯病,适于华北、西北和东北地区保护地、露地种植。

4. 国福 308 长牛角 北京京研益农科技发展中心推出的早熟、丰产辣椒一代杂种。果实特长牛角形,果基有皱,果型顺直。果长29~32厘米,粗4.8~5.0厘米,果肉厚0.35厘米,单果重100~160克,果皮黄绿色,耐贮运。耐低温,低温寡照下坐果率高,持续坐果能力强,膨果速度快。较耐热耐湿,抗病毒病和青枯病。适于华北、西北及东北地区保护地种植。

5. 国福 309 长牛角 北京京研益农科技发展中心推出的早熟、丰产辣椒一代杂种。果实特长牛角形,果基微皱,果型较顺直。果长27~29厘米,粗5.0~5.2厘米,果肉厚0.35厘米,单果重100~150克,果皮黄绿色,较耐贮运。较耐热耐湿,低温耐受性强,抗病毒病和青枯病。适于北方地区保护地种植。

6. 国福 301 北京京研益农科技发展中心推出的早熟微辣型辣椒一代杂种。果实锥牛角形,膨果速度快,果长 20～22 厘米,果宽 4.5～5.3 厘米,单果重 100～150 克,果味微辣,质脆,口感好,果面顺直,果大美观,适宜绿椒采收,产量高,耐贮运性较好,抗病毒病突出,适宜长江流域春秋及秋延后大棚、拱棚种植。

7. 京辣 8 号 北京京研益农科技发展中心推出的中早熟,微辣型绿、红兼用辣椒一代杂种。果实粗锥牛角形,嫩果翠绿色,成熟果鲜红亮丽,果面光滑,商品性佳,耐贮运。果长 16.6 厘米,粗 5.6 厘米,单果重 90～150 克,持续坐果能力强,抗病毒病、青枯病和疮痂病。适于高山反季节栽培及秋延迟拱棚种植。

8. 国福 208 北京京研益农科技发展中心推出的中早熟、高产辣椒一代杂种。该品种植株生长健壮,果实长粗羊角形,果型顺直,肉厚腔小。果长 24～26 厘米,粗 4.0 厘米,单果重 80 克左右,辣味中,果色黄绿美观,耐贮运,持续坐果能力强,商品率高,高抗病毒病和青枯病、耐疫病。耐热耐湿,适宜保护地、秋延后拱棚及南方露地种植。

9. 37－72 荷兰瑞克斯旺公司推出的辣椒一代杂种。该品种植株开展度中等,节间短。果实大,羊角形,淡绿色。在正常温度下,果实长度可达 16～25 厘米,直径 3～4 厘米,外表光亮,商品性好。单果重 80～110 克,辣味浓。抗烟草花叶病毒病。适于日光温室和早春大棚种植。

10. 迅驰(37－74) 荷兰瑞克斯旺公司推出的辣椒一代杂种。该品种植株开展度中等,生长旺盛,连续坐果性强。果实羊角形,淡绿色。在正常温度下,长度可达 20～25 厘米,直径 4 厘米左右,外表光亮,商品性好。单果重 80～120 克,辣味浓。抗锈斑病和烟草花叶病毒病。耐寒性好,适合秋冬、早春日光温室种植。

11. 斯丁格(37－76)　荷兰瑞克斯旺公司推出的辣椒一代杂种。该品种植株开展度中等,生长旺盛,连续坐果性强。果实羊角形、浓绿色,味辣。在正常栽培条件下,长度 20～25 厘米,直径 4 厘米左右,外表光亮,商品性好。单果重 80～120 克。抗锈斑病和烟草花叶病毒病。耐寒性好,适合秋冬、早春日光温室种植。

12. 威狮 1 号　东方正大种子有限公司推出的辣椒一代杂种。该品种植株生长旺盛,植株长势整齐,株型紧凑,连续坐果能力强。早熟,果实大羊角形,果皮为有光泽的浅黄绿色,果长 23～30 厘米,果肩宽 4.5～5.5 厘米,果肉厚,单果重 120 克左右。抗病,丰产,适应性广,抗热耐寒,商品性佳。适宜北方保护地栽培种植。

13. 辣优 4 号　广州市蔬菜科学研究所育成的早中熟品种。株型较平展,株高 52 厘米,开展度 76～80 厘米。果为牛角形,长 15 厘米,果肩宽 3.3 厘米,果皮光滑绿色,肉厚 0.3 厘米。熟果红色,着色均匀。单果重 35～40 克。播种至初收春植 110～120 天,秋植 90～100 天。抗青枯病、疫病、病毒病和炭疽病。味辣。适于嗜辣地区作早熟栽培。

14. 渝椒 5 号　重庆市农业科学研究所、重庆市蔬菜研究中心选育的中熟、长牛角形辣椒品种。株型紧凑,生长势强。株高 50～55 厘米,开展度 50～60 厘米;第一始花节位为 10～12 节。商品性好,耐贮运,果实长牛角形,果长 20～25 厘米,横径 3.5～4.0 厘米。单果重 40～60 克。嫩果浅绿色,老熟果深红色,转色快、均匀。味微辣带甜,脆嫩,口味好。抗逆性强,中抗疫病和炭疽病,耐低温,耐热力强。坐果率高,结果期长,作大棚春栽及秋延后栽培。

15. 湘研 19 号 湖南省蔬菜研究所选育的湘研 9 号的替代种。植株较矮,株高 48 厘米,开展度 58 厘米,分枝多,节间密,叶色深绿。第一花着生节位 10~12 节。果实长牛角形,纵径 16.8 厘米,横径 3.2 厘米,肉厚 0.29 厘米,2~3 心室,果肩微凸,果顶钝尖;果长光滑无皱,果直,商品成熟果深绿色,生物学成熟果鲜红色,平均单果重 33 克,果皮中等厚,空腔小,适于贮运,肉软质脆,味辣;风味好,品质佳,早熟,从定植到采收 48 天左右。坐果率高,果实生长快,早期产量高且稳定,较耐寒。

16. 皖椒 1 号 安徽省农业科学院园艺研究所育成的杂交种。株高 70 厘米左右,开展度 40~45 厘米,株型中等大小,分枝力强,生长势较强。果牛角形、浅绿色,果面浅皱,果长 15~20 厘米,最长达 25 厘米。味微辣,品质好,单果重 25~30 克。早熟。连续结果性能好,抗逆性强,早春低温条件下不易落花落果,高温干旱条件下不会发生日灼现象,7~8 月份仍能正常生长,结果率高,抗病毒病、炭疽病能力强。适宜早熟保护地栽培,也可作越夏恋秋栽培。

17. 汴椒 1 号 河南省开封市红绿辣椒研究所育成的一代杂交种。该品系株高 50 厘米,株幅 55 厘米,始花节位为 8~11 节,叶片深绿色。中早熟,果实为粗牛角形,长 14~16 厘米,粗 4~5 厘米,单果重 80 克左右,肉厚品质好。易坐果,结果集中,青熟果深绿色,老熟果鲜红色,辣味适中。高抗病毒病,果实商品性好,耐贮藏运输。

18. 丰椒 6 号 极早熟品种,生长势中等,叶绿色,7~9

叶开始分枝,分枝能力较强。果实呈长灯笼形,果实皱缩,单果重 60 克左右。在弱光、低温不利条件下,挂果及果实膨大良好。低节位挂果集中,果实浅绿色,果肉较薄,辣味中等,口感较好,品质极佳。是早熟保护地栽培的理想品种。

19. 洛椒 4 号 河南省洛阳市郊区辣椒研究育成。株高 50～60 厘米,开展度 60 厘米,生长势强。第一果着生于主茎 10 节。果牛角形、青绿色,果长 16～18 厘米,果粗 4～5 厘米。味微辣,风味好,单果重 60～80 克,最大果重 120 克。极早熟。前期结果集中,果实生长速度快,开花后 25 天左右即可采收。高抗病毒病。适于保护地早熟栽培和春夏季露地栽培。

20. 苏椒 6 号 江苏省农业科学院蔬菜研究所育成的一代杂种。株高 50～55 厘米,开展度 50 厘米左右,分枝性强,结果较集中。第一果着生于主茎 8～9 节,果长灯笼形、深绿色、有光泽,果长 8～9 厘米,果肩宽 3.9～4.5 厘米,平均单果重 35 克,大果重可达 60 克。味较辣。早熟。耐热性、抗病性强,适于保护地或露地栽培,早期产量高。

21. 海丰 23 号 北京市海淀区植物组织培养实验室育出的早熟辣椒一代杂种。果实牛角形,浅绿色,果长 22～30 厘米,果粗 4 厘米,果肉厚 0.3 厘米。单果重 100 克,最大果重可达 150 克。果实顺直,果面光滑,商品性好。植株长势强,坐果集中,坐果率高,平均 667 平方米产量 4 500 千克。保护地、露地均可种植。

(五)观赏辣椒品种

1. 黑珍珠 植株高 30～40 厘米,果小,圆形,直径 0.8～1.3 厘米,大小如珍珠,朝天,果皮紫黑色,如熟透了的黑葡萄,十分精致小巧,果实成熟后呈鲜红色。辣味强。结果力较强,每株可结果 80～100 个,可在家庭阳台及温室栽培。

2. 红枣辣椒　植株高 60～70 厘米,生长健壮。小果型,呈长圆形,形状及大小酷似红枣。长 3～4 厘米,宽 1.5～2 厘米,幼果期鲜绿色,皮光滑,成熟果鲜红色,并且果皮出现网纹,故有"网纹辣椒"之称。味极辣,结果多,每株可结 80～100 个,坐果力强,可在家庭阳台及温室大棚、露地栽培。

3. 幸运星　植株高 50～60 厘米,生势较强。果小,圆形,直径 0.8～1.2 厘米,大小如珍珠。果柄 2 厘米,果朝天,每株可结果 200 多个,有如满天繁星挂在树上,有连续开花结果的特性,结果初期,果实绿豆大小,奶白色,果实成熟后转为鲜红色。味极辣,入口即辣,稍后辣味逐渐消失,辣味来得快,去也快,属爆炸型辣味,风味独特,可鲜食及淹制。抗病性强,适应性广,可在家庭阳台及温室大棚、露地生产栽培。

4. 五彩宝石　株高 80 厘米,开展度 60 厘米,门花生于 13 节左右。果实羊角形,果长 25 厘米,宽 2 厘米,平均单果重 36 克左右。果实前期墨绿色,生物学成熟后黑红色,味辣,食用率高。

5. 白羊角　株高 55 厘米,开展度 50 厘米,果实羊角形,果长 14～16 厘米,宽 2 厘米,平均单果重 40 克,果实前期蜡白色,生物学成熟后大红色,香辣,适合观赏,也适合腌制。

6. 黑弹头辣椒　株高 60 厘米,叶深绿色、株茎和叶茎均紫色、开紫花。对结果和簇生果较多,坐果率高,株产 100 余果。果呈圆锥形,似"子弹头"形状,味极辣。幼果皮黑色,朝天。果长 3 厘米,直径 1.6 厘米,果柄长 2.5 厘米,成熟果为鲜红色。在盛果期,果黑红朝天,如待发的密林防空弹头,极为肃立、壮观。

三、辣椒育苗技术

(一)冬春设施常规育苗

辣椒地膜小拱棚栽培、塑料大棚与中棚春早熟栽培和日光温室早春茬栽培育苗时外界温度较低,多利用温室大棚及温床等保护地设施进行育苗。

1. 种子处理 辣椒种子难免有附着在种子表面及潜伏在种子内部的病原菌。在播种前消灭这些病原菌,是防止种子带菌的有效方法。

(1)温汤浸种 先用少量凉水将种子浸泡洗净,再将种子捞出投入到55℃的温水当中,用筷子向一个方向不停搅拌,以保证种子受热均匀。保持55℃恒温15分钟,因为55℃是一般病原菌的致死温度,而15分钟则是致死温度下的致死时间。为保证水温不下降,可采用双盆法保温,即浸种时用一大一小两个盆,大盆中盛装水温为70℃的热水,小盆内盛装水温55℃的温水,在小盆内浸种搅拌。15分钟后在室温下继续种子浸泡8~10个小时,使之吸足水分。

浸泡完毕,用细沙搓掉种皮上的黏液,用清水把种子分离出来,再淘洗干净即可催芽。

(2)药剂浸种 将辣椒种子浸泡到一定浓度的药液中,经过一定的时间用清水洗净药液,再进行浸种催芽。药液的用量为种子的2倍。如辣椒种子用10%硫酸铜溶液浸种,有防治炭疽病和细菌斑点病效果。方法是先用清水浸种4~5小时,再用药液浸种5分钟,洗净后催芽。

(3)催芽 辣椒种子发芽需要满足所需温度、水分和氧气,对光照属于嫌光性。在水分适宜,透气性良好,25℃～30℃黑暗的条件下发芽最快。把浸完的种子用湿纱布或湿毛巾包起来,种子包要保持松散透气。放在大碗或小盆中,置于25℃左右的环境中催芽。每天翻动、用温水投洗1～2遍。一般情况下,3～5天即可出芽。

2. 育苗营养土的配制　营养土是指用大田土、腐熟的有机肥、疏松物质(可选用草炭、细河沙、细炉渣、炭化稻壳、锯末等)、化学肥料等按一定比例配制而成的育苗专用土壤,也叫苗床土、床土。良好的营养土要求养分齐全、酸碱适度、疏松通透,保水能力强,无病菌、虫卵和草籽。

(1)营养土的种类　营养土根据用途不同,可分为播种床土和分苗床土。

播种床土要求特别疏松、通透,以利于幼苗出土和分苗起苗时不伤根,对肥沃程度要求不高。配制体积比为:大田土4份,草炭(或马粪)5份,优质粪肥1份;或大田土3份,细炉渣(用清水淘洗几次)3份,腐熟的马粪或有机肥4份。上述材料过筛后倒堆,充分混合均匀。

分苗床土也叫移植床土。为保证幼苗期有充足的营养和定植时不散坨,分苗营养土应加大田土和优质粪肥的比例。配制体积比为:田土5～7份,草炭、马粪等有机物3～4份,优质粪肥2～3份,每立方米加化肥1.0～1.5千克。

(2)营养土消毒　为防止营养土带菌,引发苗期病害,可采用下列方法消毒。

①**药土消毒**　将药剂先与少量土壤充分混匀后再与所计划的土量进一步拌匀成药土。播种时,2/3药土铺底,1/3药土覆盖,使种子四周都有药土,可以有效地控制苗期病害。常用药剂有多菌灵、甲基硫菌灵、恶霉灵、地菌灵等,每平方米苗

床用量为 8～10 克。

②福尔马林熏蒸消毒　一般用 100 倍的福尔马林喷洒床土,拌匀后堆置,用薄膜密封 5～7 天 ,然后揭开薄膜待药味挥发后再使用。

③药液消毒　用代森锌或多菌灵 200～400 倍液消毒,每平方米床面用 10 克原药,配成 2～4 千克药液喷浇即可。

2. 播种量及苗床面积的确定

$$单位面积播种量 = \frac{单位面积定植株数}{每克种子粒数 \times 种子使用价值} \times$$

安全系数(1.2～2)

其中:种子使用价值=种子净度×品种纯度×种子发芽率

播种床面积(平方米)=

$$\frac{播种量(克) \times 每克种子粒数 \times 每粒种子所占面积(平方厘米)}{10000(平方厘米)}$$

辣椒种子可按每粒有效种子占苗床面积 3～4 平方厘米计算。

移植床面积(平方米)=

$$\frac{移植总株数 \times 单株营养面积(平方厘米)}{10000(平方厘米)}$$

幼苗单株营养面积根据苗龄的长短可按 64～100 平方厘米来计算。

3. 苗床设置　设施育苗的场所可以是大棚、温室等,通常将苗床设在温度和光照都比较好的部位,如温室和大棚的中间部位。

(1)播种(移植)苗床　选好位置后先制作床底,宽度 1～1.5 米,长度可根据苗床面积来确定,播种苗床深度 3 厘米左右即可,移植苗床深度要达到 10 厘米左右。苗床四周根据需要做 5 厘米高的畦埂,床底搂平后浇少量水踩实。低温季节育苗可在床底铺设地热线,并接通电源,做成电热温床。最后在苗床分别填入配制好的播种床土或移植床土备用。

(2)育苗容器

①育苗盘 育苗盘多在播种和培育子苗时使用,可用木板钉制或用硬塑料压制,盘底留有排水孔。这种苗盘既可用于床土育苗,也可用于无土育苗,可随意调换位置,也可以叠放在架床上,减少占地面积,应用起来比较方便。

②营养钵 是指用聚乙烯或聚氯乙烯制成的圆筒形育苗容器,底部有一个或多个漏水的小孔,防止积水沤根。利用营养钵育苗,可保持根系完整,定植后不用缓苗,定植成活率大大提高。目前生产的营养钵型号从 5 厘米×5 厘米(上口直径×高度)至 21 厘米×21 厘米,规格齐全,可根据苗龄大小选择使用。塑料营养钵价格便宜,一次投入可以多次使用,逐步代替了自制的纸筒、稻草钵等育苗容器。

③营养土方 营养土方是将营养土压制成用于护根育苗的土块。具体制作方法是将营养土平铺在苗床中,经踩踏镇压后,厚度不小于 8 厘米,随即浇透水。次日切方前再浇一次水,并用木板将床面刮平,当床面不黏时开始下刀切方,土方的边长 8~10 厘米。土方切好后用小木棍在土方中央捣一个深度 1~1.5 厘米的小坑,作为播种或分苗的种植穴。

(3)育苗营养块 目前市场上有用以草炭为主要原料,添加适量营养元素、保水剂、固化成型剂等,经高压成形的专用育苗营养块出售,可用于直播。使用时将苗床底部平整压实后,铺一层地膜,将营养块与土壤隔离。然后按间距 1~2.5 厘米把营养块摆放在苗床上,用喷壶向营养块反复喷水,直至营养块完全膨胀(无硬心),即可将已出芽的种子点播于播种穴内,定植时可带坨移栽。利用营养块育苗省去了筛土、混拌、消毒、装钵和定植前脱钵的工序,同时减少了苗期病害的发生,提高了育苗质量。

3. 播种　播种宜选择晴天上午,此时温度高,出苗快且整齐。阴雨天播种,地温低,迟迟不出苗,易造成种芽腐烂。辣椒种子较小,可采用苗床撒播或条播。近几年由于进口辣椒种子价格昂贵,也可采用单籽点播。播种前喷足底水,待水渗后撒一层药土,播种后盖一薄层药土,上面再覆一层细潮土,覆土厚度为 0.5～2.0 厘米。已浸种催芽的种子易成团,可先用细河沙或草木灰拌种后再播种。播后可覆盖透明地膜,以增温保墒。如苗床外界环境温度低,可在夜间加扣小拱棚和草苫来保温,为幼苗出土创造温暖湿润的良好条件。

4. 苗期管理

(1)出苗期　从播种到幼苗出土直立为止。此期苗床温度控制在 25℃～30℃。当 70% 左右小苗出土时,要及时撤掉覆盖物,并撒一层细潮土或草木灰来减少水分蒸发,防止病害发生。

(2)小苗期　从出苗到分苗为止。此期的特点是幼苗的光合能力还很弱,下胚轴极易发生徒长,形成"高脚苗"。另外,此期极易发生苗期病害。所以,管理重点是创造一个光照充足、地温适宜、气温稍低、湿度较小的环境条件。播种后 80% 幼苗出土就应开始通风,降低苗床气温。白天温度 20℃～25℃,夜间温度 12℃～15℃,土温控制在 18℃ 以上。如果采用营养钵直播或营养块直播,出苗后一定要控制好温度,以防小苗徒长。

育苗温室的草苫早揭晚盖,延长光照时间,小拱棚白天揭开使幼苗多见光。此期尽量不浇水,可向幼苗根部筛细潮土,减少床面水分蒸发,降低苗床湿度,同时还可以对根部进行培土,促使不定根的发生。筛土要在叶面水珠消失后进行,否则污染叶片。后期如苗床缺水,可选晴天浇1次透水再保墒,切忌小水勤浇。辣椒小苗在低温高湿条件下易发生猝倒病,如发生猝倒病应及时将病苗及周围健苗及封土挖去,并以高浓度药土填穴,以阻止病害蔓延。

(3)分苗(移植) 分苗就是将小苗从播种床内起出,按一定距离移栽到移植床中或营养钵(土方)中。分苗的目的是扩大幼苗的营养面积,满足光照和土壤营养条件。辣椒的花芽分化在3叶期以后,因此适宜分苗时期是2~3叶期。分苗前3~4天逐渐降低播种床温度、湿度,给以充足的阳光,增强幼苗的抗逆性,以利分苗后迅速缓苗。分苗前1天播种床浇1次透水,分苗时用移植铲起苗,尽量少伤根,分苗时注意淘汰病弱苗、无心叶苗等。并将秧苗按大小分级。起苗后如不能立即栽苗,需用湿布保湿。

①苗床分苗 可分为暗水分苗和明水分苗。在移植床土上按行距10厘米开沟,沟内浇少量底水。将起出的小苗按10厘米株距摆在沟中,把开沟土推回原位,使表土疏松不龟裂。然后再分下一行苗。整个苗床移植完毕后,表面看不出水迹,此法称暗水分苗。此法省水,地温降低不明显,缺点是较费工。适用于低温季节分苗。明水分苗则是先开沟将苗栽好后,整个苗床统一浇大水,此法省工,但苗床易板结,适用于温度较高的季节。

②营养钵分苗 常选用直径8厘米以上的营养钵。营养钵先装一半土,将苗栽于钵中,尽量使秧苗根系舒展,再向苗四周填细土,土面距营养钵的边缘保持1厘米的距离,以方便日后浇水。然后将营养钵整齐地摆入苗床中,浇透水。

③营养土方分苗 分苗前将土方浇透水,然后将起出的小苗分别栽在土方上的小洞中,随后用少量细潮土将小洞填平。浇少量水合缝。

栽苗深度一般以子叶露出土面 1～2 厘米为宜,如幼苗有徒长的胚轴,可将秧苗打弯栽入床土中。

分苗后苗床密闭保温,创造一个高温高湿的环境来促进缓苗。白天 25℃～30℃,夜间 15℃～20℃,地温 18℃以上。缓苗前不通风,如中午高温秧苗萎蔫,可适当遮阳。3～5 天后,幼苗叶色变淡,心叶展开,根系大量发生,标志着已缓苗。

(4)成苗期管理 分苗缓苗后到定植前为成苗期。此期生长量占苗期总量的 95%,其生长中心仍在根、茎、叶,果菜类同时又有花器形成和大量的花芽分化。此期要求有较高的日温、较低的夜温、强光和适当肥水,避免幼苗徒长,促进辣椒花芽分化。

①温度调节 分苗缓苗后适当降低温度,防止徒长,白天 20℃～25℃,夜温 15℃。保持 10℃左右的昼夜温差,即所谓的"大温差育苗"。要特别注意控制夜温,夜温过高呼吸消耗大,幼苗细弱徒长。可根据天气调节温度,晴天光合作用强,温度可高些;阴天为减少呼吸消耗,温度可低些。地温高低对秧苗作用大于气温。严寒冬季,只要地温适宜,即使气温偏低秧苗也能正常生长。因此,成苗期适宜地温为 15℃～18℃。定植前 7～10 天,逐渐加大通风降低苗床温度,对幼苗进行低温锻炼,使之能迅速适应定植后的生长环境。

②光照调节 每天揭草苫后,清洁薄膜表面,争取多透入太阳光。秧苗长到 5～6 叶,将营养钵分散摆放,扩大受光面积,防止相互遮阳。还可通过倒坨把小苗调至温、光条件较好的中间部位。每次倒坨后必然损伤部分须根,故应浇水防萎

蔫。冬季弱光季节育苗,可在苗床北部张挂反光幕增加光照。

③水肥管理 成苗期秧苗根系发达,生长量大,必须有充足的水分供应,才能促进幼苗的生长发育。水分管理应注意增大浇水量,减少浇水次数,使土壤见干见湿。浇水用喷壶普遍喷水和个别浇水相结合,对较小的秧苗格外多浇些水,以加速其生长,达到秧苗整齐。浇水宜选择晴天的上午进行,冬季保证浇水后有 2～3 天连续晴天。否则,温度低,湿度大,幼苗易发病。

苗期一般不追肥,但是早春茬和春茬的长龄大苗,有时可能表现出肥力不足,叶片色淡,可用 30 克尿素,对 15 升清水进行叶面追肥,选晴天上午进行。

(4)囤苗 采用苗床移植的幼苗,定植前要先进行囤苗。具体做法是,在定植前 7 天对苗床浇一次透水,次日上午用铲刀沿着幼苗株行中间,切成方形苗坨,并将幼苗起出后,乘墒将土坨搿实,并将搿好的土坨一个挨一个摆放好。囤苗期间不要浇水,中午高温期间可适当遮阳。如幼苗发生萎蔫,要用喷雾器向叶片喷洒少量水。这样,定植时土坨不易散开,同时也有利于缓苗和发根。

(5)其他管理 定植前趁幼苗集中,追施 1 次速效氮肥(离娘肥),喷施 1 次广谱性杀菌剂(陪嫁药),使幼苗带肥带药下地。

5. 壮苗标准 壮苗是指健壮程度较高的秧苗。从生产效果上理解,壮苗是指生产潜力较大的高质量秧苗。对秧苗群体而言,应包括无病虫害、生长整齐、株体健壮 3 个主要方面。

不同茬口对壮苗的要求是不一致的。以"抢早"为目的的栽培方式,追求前期产量,应以现大蕾的长龄大苗为宜。反之,若想长季栽培,则以刚现蕾或未现蕾的幼苗定植比较适宜,因为这样的秧苗不易早衰。

辣椒的壮苗从外部形态来看,植株挺拔健壮,苗高 15～20 厘米,8～10 片真叶展开,叶片大而肥厚,颜色浓绿,叶柄长度适中,两片子叶完好,色浓绿;茎秆粗壮,从子叶部位到茎基部约 2 厘米,子叶部位茎粗 0.3～0.4 厘米,节间短;根色为白色,主根粗壮,须根多;茎叶及根系无病虫害,无病斑,无伤痕。早熟品种可看到生长点部位分化的细小绿色花芽。

(二)嫁接育苗

近年来,随着保护地辣椒种植面积的不断扩大及复种指数的提高,根腐病、青枯病、疫病、根结线虫病等土传病害发生日趋严重,直接影响了辣椒产量、品质和经济效益。嫁接换根不但能防止土传病害,同时还能增强植株根系的吸收能力和抗低温能力,达到增产增收的目的。

1. 砧木选择　常用砧木品种为辣椒的野生种,如台湾的 PFR-K64,PER-S64,LS279 品系,荷兰瑞克斯旺有限公司的瑞旺 1 号、瑞旺 2 号野生辣椒品种,京研益农科技发展中心推出的格拉夫特杂一代等,都是辣椒嫁接栽培专用砧木。有些茄子嫁接用砧木,如超抗托鲁巴姆、赤茄、耐病 VF 也可用于辣椒嫁接栽培。

2. 嫁接前的准备

(1)砧木苗的培育　砧木种子播前先晒种 2～3 天,用以打破休眠和杀灭种子表面的病原菌。然后再经过温汤浸种和常温浸种 8～10 小时,使种子吸足水分。将捞出的种子用 1 000 倍的高锰酸钾浸种 10 分钟或 10% 磷酸三钠浸种 20 分钟,用清水冲洗后沥干。野生品种的种子多具休眠特性,浸种前可用 100 毫克/升赤霉素浸泡 24～48 小时,洗净后再将种子置于 30℃条件下催芽。催芽过程中每天用清水淘洗 1 次，当 80％种子露白时，即可播种。砧木种子可直接播于 10 厘米口径的营养钵内。

(2)接穗苗的培育 如采用劈接法，接穗可比砧木晚播 15～20 天，使砧木的茎略粗于接穗的茎。如采用斜接法砧木和接穗可同期播种，使二者茎的粗度接近。为防止接穗苗在嫁接前就感染土传病害，必须将播种接穗的营养土彻底消毒。

(3)嫁接场地准备 嫁接场所最好在育苗温室内，嫁接时要求室温 20℃～25℃。嫁接场地周围洒些水，保证空气相对湿度不低于 80％。嫁接时要求弱光，可利用遮阳网或无纺布遮阳降温。嫁接场地需设置嫁接操作台、座凳等。嫁接前应对场地进行消毒处理，可用广谱性杀菌剂对地面、墙面以及空中进行喷雾。

(4)嫁接工具的准备 嫁接工具包括湿毛巾、双面刀片、嫁接夹或塑料条、喷雾器、水桶、喷壶等，刀片要选择锋利、质量好的刀片。旧刀片使用前可用酒精棉球擦拭消毒，旧嫁接夹可用热水烫洗消毒，晾干后备用。

(5)嫁接苗床的准备 嫁接前先做好嫁接苗床。床宽以 1～1.2 米为宜，长度可根据场地设置。如冬季嫁接，地温低，需事先在苗床下铺设电热温床。并备好塑料膜、遮阳网等保温保湿和遮光覆盖物。

(6)砧木和接穗处理 嫁接前一天，用 600 倍的百菌清溶液对辣椒苗和砧木苗均匀喷药，第二天待茎叶上的露水干后再起苗。嫁接前，将砧木萌发的腋芽打掉。

3. 嫁接方法 嫁接砧木以长到 5～6 片真叶，茎粗 0.4～0.5 厘米时为嫁接最佳时期，过早茎秆细弱不便操作，过晚木质化程度高会降低成活率。

(1)劈接法 砧木苗留2～3片叶平切,然后在切口处中间向下垂直切1～1.5厘米深的切口,把接穗苗留2～3片叶,切掉下部,削成双楔形,楔形大小与砧木切口相当(1～1.5厘米长),削完立即插入砧木切口中对齐后,用嫁接夹固定(图3-1)。

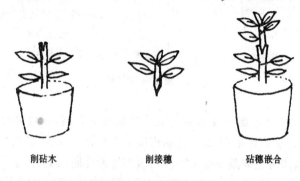

削砧木　　　　　削接穗　　　　　砧穗嵌合

图3-1　辣椒劈接示意图

(2)贴接法 砧木苗3片叶处按30°斜削,去掉砧木顶端,形成长度为1.2～1.5厘米的光滑斜面。接穗苗保留上部3片真叶,在第三真叶下0.5～1厘米处向下削成一个与砧木相反,大小一致的斜面。将砧木和接穗切口贴合在一起,用圆形嫁接夹或塑料条固定好(图3-2)。

无论采用哪种嫁接方法,嫁接苗要迅速移入到小拱棚内遮阳保湿。

4. 嫁接后的管理

(1)嫁接后1～3天 此期是愈伤组织形成时期,也是嫁接苗成活的关键时期。日温应保持25℃～27℃,夜温20℃～22℃,此期温度过低或过高都不利于接口愈合,影响成活。为防止嫁接苗萎蔫,此期小拱棚内空气相对湿度要达到95％以上,可通过地面浇水和空中喷雾来增加空气相对湿度,以小棚

削砧木　　　　　削接穗　　　　　砧穗嵌合

图 3-2　辣椒贴接示意图

塑料薄膜内表面出现水珠为宜。嫁接前 3 天,苗床全面遮阳。

(2)嫁接后 4～6 天　此期伤口基本愈合,开始形成假导管。此期苗床可以降温排湿。小拱棚顶部每天可通风 1～2 小时,日温保持在 25℃左右,夜温 16℃～18℃,棚内的空气相对湿度应降低至 90％左右。早晚可揭开遮阳覆盖物,使苗床见光。

(3)嫁接后 7～10 天　此期是真导管形成期。棚内空气相对湿度应降至 85％左右,空气相对湿度过大,易造成接穗徒长和叶片感病。因此,小棚应整天开 3～10 厘米的缝,进行通风排湿,一般不再遮阳。正常条件下,接穗新叶开始生长,标志着砧穗已完全愈合,应及时将已成活的嫁接苗移出小拱棚。

(4)嫁接后 10～15 天　移出小棚后的嫁接苗,经 2～3 天的适应期后,同自根苗一样进行大温差管理,以促进嫁接苗花芽分化。同时注意随时去除砧木萌蘖、黄化叶片以及剔除未成活苗,嫁接苗长出 5～6 片真叶时即可定植,定植时注意培土不可埋过接口处。

(三)夏秋育苗

日光温室越冬茬、秋冬茬和大、中棚秋茬的辣椒栽培,育苗期正处在夏秋高温强光、昼夜温差小的季节,需要遮阳避雨育苗。由于秧苗生长快,不需移植,也可用容器育苗。

1. 苗床设置 在靠近温室或大、中棚的通风良好地块,做成 1.2～1.5 米宽、6～8 米长的硬埂畦,搂平畦面,铺 3 厘米厚优质农家肥,翻 10 厘米深,划碎土块,将粪土掺匀,畦面上插 1.5～2 米宽、1 米高的拱棚骨架。有条件的最好覆盖两网一膜,即遮阳网、防虫网和旧薄膜,可以防止育苗期间的高温强光和暴雨。苗床周围挂银灰色塑料条,以驱避蚜虫。

2. 播种 选择好品种后,先将种子晾晒 4 小时,然后用 10％的磷酸三钠溶液浸泡 15 分钟,以防种子带毒。种子捞出洗净后再用清水浸泡 8 小时左右。捞出后稍晾,准备催芽。

夏秋季节室温一般在 30℃ 左右,正是催芽的合适温度。把浸泡好的种子用棉布包好,放入塑料盆中,上面再扣一个塑料盆保湿。每隔半天将种子用清水冲洗一下,然后再包好催芽,2～3 天即可出芽。种子露白时播种最好。如果不能及时播种,应将种子放在 8℃ 左右的条件下保存,尽快创造播种条件。播种方法同冬春季育苗。

3. 苗期管理 播完种子可在覆土后覆盖无纺布或黑色地膜保墒,促进迅速出苗。值得指出的是高温季节育苗,千万不可覆盖透明地膜,否则容易造成地温过高而导致烤种或烧芽。出苗前不用浇水,以防表土板结。出苗后及时撤下覆盖物。夏秋季育苗应及早分苗,2 片子叶展开后就分苗,分苗晚了伤根须,且小苗易徒长。分苗缓苗后保持床面见干见湿。

夏秋育苗不但温度高,昼夜温差也小,秧苗生长快,且容易徒长。因此,水分管理见干见湿,防止水分过多引起徒长和过度干旱诱发病毒病。浇水宜在傍晚进行,以加大昼夜温差。

蚜虫是传播病毒病的主要媒介,夏秋季育苗要谨防蚜虫为害。苗床发现有蚜株及时拔除深埋,每 7～10 天喷施灭蚜药 1 次,注意药剂轮换使用。

当辣椒幼苗具 4～5 片真叶即可定植,苗期 25～30 天。

(四)穴盘育苗

穴盘育苗,是以不同规格的专用穴盘做容器,用草炭、蛭石等轻质无土材料为基质,通过精量播种生产线自动填装基质、精量播种(一穴一粒)、覆土、浇水,然后放在催芽室和温室等设施内进行培育,一次成苗的现代化育苗技术。由于穴盘育苗具有省工、省力,机械化生产效率高,节省能源、种子和育苗场地,便于规范化管理,秧苗素质高,适宜远距离运输等优点,在欧美等国家得到普及。目前我国正在大力推广该项技术,彩色甜椒种子、进口辣椒种子由于价格昂贵,多采种大批量穴盘育苗,以降低种植户的风险。

1. 穴盘育苗的配套设备

(1)精量播种系统 该系统承担基质的前处理、基质的混拌、装盘、压穴、精量播种,以及播种后的覆盖、喷水等项作业。精量播种机是这个系统的核心部分,根据播种器的作业原理不同,精量播种机有真空吸附式和机械转动式两种类型。真空吸附式播种机对种子形状和粒径大小没有严格要求,播种之前无需对种子进行丸粒化加工。而机械转动式播种机对种子粒径大小和形状要求比较严格,辣椒种子播种之前必须把种子加工成近于圆球形。目前,由于生产水平和生产数量的限制,国内多数育苗工厂均采用人工播种。

(2)穴盘 国际上使用的穴盘外形大小多为 27.8 厘米×54.9 厘米,根据孔穴数量和孔径大小不同,穴盘分为 50 孔、72 孔、128 孔、200 孔、288 孔、392 孔和 512 孔。我国使用的穴盘以 50 孔、72 孔、128 孔和 288 孔者居多,每盘容积分别为 4 630 毫升、3 645 毫升、2 765 毫升。根据育苗种类及所需苗的大小,可相应选择不同规格的育苗盘。辣椒育苗根据苗龄的大小可选用 50 孔、72 孔和 128 孔穴盘。育苗盘一般可以连续使用 2～3 年。图 3-3 为 50 孔育苗穴盘。

图 3-3   50 孔育苗穴盘

(3)育苗基质   穴盘育苗单株营养面积小,每个穴孔盛装的基质量很少,要育出优质商品苗,必须选用理化性好的育苗基质。目前国内外一致公认草炭、蛭石、珍珠岩、废菇料等是蔬菜理想的育苗基质材料。草炭最好选用灰藓草炭,pH 值 5.0～5.5,养分含量高,亲水性能好。适合于冬春蔬菜育苗的基质配方为蛭石∶草炭=1∶2,或平菇渣∶草炭∶蛭石=1∶1∶1;适合于夏季育苗的基质配方为草炭∶蛭石∶珍珠岩=1∶1∶1,或草炭∶蛭石∶珍珠岩=2∶1∶1。

(4)催芽室   催芽室是种子播种后至发芽出苗的场所,实际上是一个可密封、绝缘、保温性能良好的小室。可分为固定与移动式两种,里面安置多层育苗盘架,以便放置育苗盘,充分利用空间。

①固定式催芽室   即为保温密封的小室,墙用双层砖砌成,中间留 5 厘米左右空隙,内亦可填入砻糠、木屑等作隔热

层,以提高保温效果。室内面积以 6～8 平方米为宜,在室内安装 2～3 只 1 千瓦电热加温设备,如电炉、空气电热加温线、远红外线发散棒等,并与控温仪相连以达到自动控温。总体要求能维持较高温度,且均匀分散,空气相对湿度达 80%～90%。

②移动式催芽室 在育苗温室的角落,用木材或钢材做成一个骨架,装上玻璃、塑料薄膜等保温外套,即做成一个简单密闭的小室,室内配备 1 千瓦电炉 1 个,联接上控温仪。与固定式催芽室相比,此类型移动方便,投资小,但保温性能差,夜间耗电大,室内温、湿度不均衡,导致出苗速度不太一致。对于一些有条件的地方还可购买电热水浴式恒温箱或光照培养箱,具有控温准确、耗电量小等优点,且所需空间较小。

催芽室距离育苗温室不应太远,以便在严寒冬季能够迅速转移已萌发的苗盘。

(5)育苗温室 育苗温室是幼苗绿化,完成主要生长发育,是穴盘存放时间最长的场所。育苗温室应能保证满足幼苗生长发育所需的温度、湿度、光照等外部环境因素。现代工厂化育苗温室,一般装备有育苗床架,加温、降温、排湿、补光、遮阳、营养液配制、输送、行走式营养液喷淋器等系统和设备。但从我国国情出发,黄河以北地区育苗温室宜选用节能型日光温室,其跨度应在 7 米以上,通道宽大于 1.5 米,每 667 平方米温室可放置育苗盘 2 500 个。设计上要考虑冬季室内最低气温不应低于 12℃,出现低温天气需采取临时加温措施,所以需配备加温设备。育苗温室务必选用无滴膜,防止水滴落入苗盘中。夏季育苗注意防雨、通风及配备遮阳设备。

2. 穴盘育苗的生产流程 穴盘育苗的生产技术流程主要包括播种前种子处理,基质、育苗盘的清洗、消毒、装盘,自动播种机播种或人工播种;催芽室催芽;育苗温室中绿化和炼苗等(图3-4)。

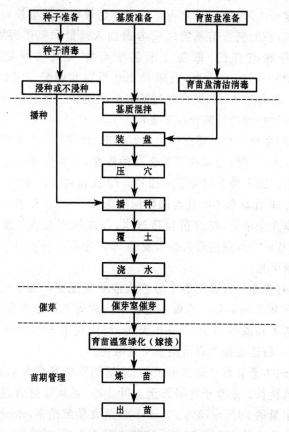

图3-4 穴盘育苗生产技术流程图

3. 辣椒穴盘育苗技术要点

(1)穴盘选择 育2叶1心苗用288孔穴盘,4～5叶苗用128孔穴盘,5～6叶苗用72孔穴盘。

(2)基质准备 选用草炭与蛭石2:1,或草炭与蛭石加废菇料 1∶1∶1,覆盖料一律用蛭石。288 孔穴盘每 1 000 盘备用基质 2.8 立方米,128 孔穴盘每 1 000 盘 3.7 立方米,72 孔穴盘每 1 000 盘 4.7 立方米。为满足辣椒苗期生长对养分的需求,在配制育苗基质时应考虑加入适量的氮磷钾肥料。如冬春辣椒育苗,每立方米基质可加入氮磷钾复合肥(15∶15∶15)2.5 千克,或尿素 1.0 千克和磷酸二氢钾 1.0 千克。若再加入 2% 的腐熟过筛有机肥更佳。将肥料与基质按比例混拌均匀后装盘压实备用。

(3)播种 种子播前须检测发芽率,所用种子发芽率应在 95% 以上。进口包衣种子不必浸种催芽,可直接单籽点播于穴盘中。国产种子可催芽后播种。72 孔盘播种深度应大于 1 厘米,128 孔盘和 288 孔盘播种深度为 0.5～1.0 厘米。播种覆盖作业完毕后,将育苗盘喷透水,以水从穴盘底孔滴出为宜,使基质含水量达最大持水量的 90% 左右。浇水后穴盘格室清晰可见。

(4)催芽 穴盘浇透水后移入催芽室催芽。催芽室温度控制在 25℃～30℃。在催芽过程中注意适当补充水分,防止种子落干和戴帽出土。4～5 天后,当苗盘中 60% 种子拱土时,即可将苗盘搬进育苗温室见光绿化。

(5)水肥管理 幼苗出土后,应适当降低基质含水量,以防小苗徒长。通常子叶展开至 2 叶 1 心,基质水分含量为最大持水量的 70%～75%。3 叶 1 心至商品苗销售,水分含量为最大持水量 65%～70%。幼苗 3 叶 1 心后,结合喷水进行 2～3 次叶面喷肥。叶面肥可选用蔬菜育苗专用营养液。在出苗前一天浇透水,以利定植时从盘中取苗,减少散坨。

(6)温、光调节 进入育苗温室后,白天温度要高于 25℃,夜温 18℃～20℃为宜。当温室夜温偏低时,可用地热线或采用其他临时加温措施。2叶1心后夜温可降至15℃左右，但不要低于12℃。白天酌情通风，降低空气相对湿度。

育苗期间如果光照不足，可进行人工补光，以利于培育壮苗。补光的光源有很多，需要根据补光的目的来选择。从降低育苗成本角度考虑，一般选用荧光灯。补充照明的功率密度因光源的种类而异，一般为每平方米50～150瓦。

(7)补苗和分苗 对于一次成苗的辣椒，需在第一片真叶展开时，将缺苗孔补齐。考虑作为砧木茄子补苗的工作量，所以在用72孔穴盘育茄苗时，大多是先播种在288孔苗盘内，当小苗长至1～2片真叶时，再移至72孔苗盘内。

(8)嫁接 穴盘育苗和常规育苗一样可培育嫁接苗，嫁接方法和接后管理可参照常规育苗。

(9)商品苗标准 用50孔苗盘育苗的，日历苗龄85天左右，株高18～20厘米，茎粗3.5毫米，具8～10片叶现花蕾时销售。用72孔苗盘育苗的，日历苗龄70～75天，株高16～18厘米，茎粗4.0～4.5毫米，具6～7片真叶并现小花蕾时销售。128孔苗盘育苗的，苗龄50天左右，株高8～10厘米，茎粗2.5～3.0毫米，4～5片真叶时销售。

商品苗销售时，根系将基质紧紧缠绕，苗从穴盘内拔起不会出现散坨现象。包装时可将苗一排排地摆在纸箱里，运输过程中注意防寒保温。

(五)育苗期间常见问题及预防措施

1. 烂种或出苗不齐 烂种一方面与种子质量有关，种子未成熟，贮藏过程中霉变，浸种时烫伤均可造成烂种；另一方面播种后低温高湿，施用未腐熟的有机肥，种子出土时间长，长期处于缺氧条件下也易发生烂种。出苗不齐是由于种子质量差，底水不均,覆土薄厚不均,床温不均,有机肥未腐熟,化肥施用过量等原因造成的。生产上可针对以上原因及时预防。

2."戴帽"出土 床温过低、覆土太薄或太干,使种皮受压不够或种皮干燥发硬不易脱落。为防止戴帽出土,播种时应均匀覆土,保证播种后有适宜的土温。幼苗刚出土时,如床土过干,可喷少量水保持床土湿润,发现有覆土太薄的地方,可补撒一层湿润细土。发现"戴帽"出土者,可先喷水使种皮变软,再人工脱去种皮。

3. 沤根 幼苗不发新根,根呈锈色,病苗极易从土中拔出。沤根主要是由于苗床土温长期低于12℃,加之浇水过量或遇连阴天,光照不足,致使幼苗根系在低温、过湿、缺氧状态下,发育不良,造成沤根。应提高土壤温度(土温尽量保持在16℃以上),播种时一次打足底水,出苗过程中适当控水,严防床面过湿。

4. 徒长苗 徒长苗茎细长,叶薄色淡,须根少而细弱,抗逆性较差,定植后缓苗慢,不易获得早熟高产。幼苗徒长是光照不足、夜温过高、水分和氮肥过多等原因造成的,可通过增加光照、保持适当的昼夜温差、适度给水、适量播种、及时分苗等管理措施来防止。

5. 老化苗 又称僵苗、小老苗。老化苗茎细弱,发硬,叶小发黑,根少色暗。老化苗定植后发棵缓慢,开花结果迟,结果期短,易早衰。老化苗是苗床长期水分不足或温度过低或激素处理不当等原因造成的,育苗时应注意防止长时间温度过低、过度缺水和不按要求使用激素。育苗期间注意观察,如发现形成老化苗的迹象时,应及时采取措施。除了提高床温,加强水肥管理外,可用浓度为10～30毫克/升的赤霉素(九二O)溶液对小苗进行喷雾处理,喷后1周开始见效。同时,还应配合施用速效肥料,增加光照,才能使幼苗恢复正常生长,并培育成壮苗。

四、辣椒整地定植

(一)整地施基肥

辣椒保护地栽培,虽然设施类型和茬口不同,整地和施基肥方法基本一致。整平土地后撒施农家肥,每 667 平方米用量 5 000～10 000 千克,其中 1/2 普遍施,深翻细耙。余下的 1/2 农家肥配合三元复合肥 25 千克,过磷酸钙 30 千克,集中沟施于定植行下。肥料用量多少根据茬口决定,生育期长的茬口要多施农家肥。

地膜覆盖和小拱棚短期覆盖栽培整地起垄方式与露地基本相同。可起 50～60 厘米大垄,每两垄覆一块地膜,并在垄上架设小拱棚,实现双膜覆盖。

塑料大棚可将水道设在棚中部,两侧起垄或做畦。中棚内不设水道,纵向起垄,把水道设在棚的一端。按大行 60 厘米,小行 40 厘米起垄,小行上覆地膜(图 3-5)。

日光温室采用南北向、大小行栽培,翻耙后按 80 厘米大行距,50 厘米小行距起垄。在定植前修好水道,日光温室水道设在靠后墙处。

有条件的地区,最好在定植行上安装软管滴灌设备。

(二)棚室消毒

温室大棚定植前需清洁田园,将上一茬的病残体集中带出棚外深埋或烧毁。然后对温室和大棚的空间和土壤进行消

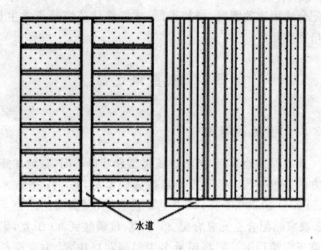

水道

图 3-5　塑料大中棚整地起垄示意图

毒处理。

1. 空间消毒　封闭大棚温室,每 667 平方米温室用 2.5～3.0 千克硫磺粉,拌入倍量干锯末,分放 5～6 堆点燃,点燃后,人立刻退出。这样熏蒸 2 天后,打开通风口通风,8～10 天后再定植。熏烟前可把生产工具及育苗床等用品放在室内一齐熏蒸消毒,效果更好。熏蒸过程中,室内不准有任何生长的蔬菜。

2. 土壤消毒

(1) 高温消毒法　在炎热的夏季,趁保护地休闲之机,利用天气晴好、气温较高、阳光充足的 7～8 月份,将保护地内的土壤深翻 30～40 厘米,每 667 平方米均匀撒施 2～3 厘米长的碎稻草和生石灰各 300～500 千克,并一次性施入农家肥 5 000 千克,再耕翻使稻草、石灰及肥料均匀分布于耕作层土壤。然后做成 30 厘米高,60 厘米宽的大垄,以提高土壤对太阳热能的吸收。棚室内周边地温较低,易导致灭菌不彻底,故将土尽量移到棚室中间。灌透水,上覆塑料薄膜,新旧薄膜均可,旧膜在用前应洗净晾干。将薄膜铺平拉紧,压实四周,闭棚升温。根据水分渗透状况,每隔 6~7 天充分灌水一次。然后高温闷棚 10~30 天,使耕层土壤温度达到 50℃以上,可直接杀灭土壤中所带的有害病菌及各种虫卵,大大减轻菌核病、枯萎病、疫病、根结线虫病、红蜘蛛及多种杂草的危害,还能促进土壤中的有机质分解,提高土壤肥力。土壤中加入石灰和稻草,可以加速稻草等基质腐烂发酵,起放热升温作用,同时石灰的碱性又可以中和基质腐烂发酵产生的有机酸,保持土壤酸碱平衡。

(2)福尔马林消毒法 土壤耕翻后,每 100 平方米喷洒 100 倍的福尔马林液 15 升,并用塑料薄膜覆盖,5~7 天后揭膜并翻土 1~2 次,2~3 周后即可栽培作物。

(3)土壤连作障碍电处理技术 该项技术是大连市农机推广站新研制出的一种物理农业新技术。集土壤微水分电处理、脉冲电流冲击、土壤小环境调控等技术于一体,形成土壤连作障碍电处理系统,用于解决连作土壤中作物根系毒害累积、有害微生物、根结线虫危害及营养元素不均衡问题。经试验证明,该技术能消解前茬作物根系分泌的有机酸,使作物可以重茬种植,防治病害率达到 90%以上,对根结线虫的防治率也达到 95%以上。目前正在推广使用中。

(三)秸秆生物反应堆技术的应用

秸秆生物反应堆技术是使作物秸秆在微生物(纤维分解菌)的作用下发酵分解,产生二氧化碳、热量、抗病孢子、有机无机肥料来提高作物抗病性、提高作物产量和品质的一项新技术,目前正在蔬菜保护地生产中广泛推广应用。

1. 秸秆生物反应堆的应用效果及原理　制约当前保护地蔬菜生产的突出问题主要是冬季地温低、二氧化碳气体亏缺、土传病害严重及土壤性状变劣。而秸秆生物反应堆恰恰解决了这几个问题。首先作物秸秆在微生物的作用下发酵分解产生热量,能够提高土壤温度(内置式反应堆),同时微生物活动时产生大量二氧化碳,向蔬菜行间释放,大大缓解了保护地由于保温密闭造成的二氧化碳气体亏缺。二氧化碳是蔬菜光合作用的原料,二氧化碳会引起蔬菜作物生理饥饿,造成作物生长不良、减产等后果。秸秆分解后形成有机质,有利于改善土壤结构,增强土壤肥力。同时,由于土壤中有益微生物的旺盛活动,大大抑制了有害微生物的繁殖,因此,减轻了根腐病等土传病害的发生。综上所述,蔬菜作物在地温适宜,二氧化碳气体充足,土壤疏松透气的环境中,植株生长健壮,抗逆性和抗病性大大提高。实践证明,保护地蔬菜生产(尤其是越冬生产)中使用秸秆生物反应堆,具有促进生长、增加产量、改善品质、提早成熟和增强抗病性的效果。

2. 秸秆生物反应堆的建造　秸秆生物反应堆分为外置反应堆(包括棚内和棚外两种形式)和内置反应堆(包括定植行下反应堆和定植行间反应堆)两种。外置反应堆适合于春、夏和早秋大棚栽培,内置反应堆适用于保护地辣椒越冬栽培。

(1)定植行下内置反应堆的建造方法

①施肥备料　温室清园后,普施充分腐熟的有机肥作基肥,耕翻后整平,使粪土混合均匀。秸秆生物反应堆可促进养分分解,但不能取代施肥。建造秸秆反应堆需要准备菌种、麦麸和秸秆 3 种反应物。其比例(重量比)为菌种∶麦麸∶秸

秆＝1∶20∶500。通常每 667 平方米需要准备作物秸秆 4 000～5 000 千克,秸秆可以使用玉米秸、稻草、麦秸、稻糠、豆秸、花生秧、花生壳、谷秸、高粱秸、烟柴、向日葵秸、树叶、杂草、糖渣、食用菌栽培后的菌糠等。目前市场上用于秸秆生物反应堆的菌种较多,如沃丰宝生物菌剂、圃园牌秸秆生物反应堆专用菌种等,每 667 平方米用量 8～10 千克。同时需准备麦麸 160～200 千克,为菌种繁殖活动提供养分。

②挖沟铺秸秆　在种植行下按照大小行的距离在定植行正下方开沟,沟宽 70～80 厘米,沟深 20～25 厘米,长度同定植行。挖出的土堆放在沟的两侧。沟挖好后将秸秆平铺到沟内,踏实、踩平,秸秆厚度 30 厘米左右,南北两端各露出 10 厘米,以利于散热、透气。

③撒菌种　菌种使用前必须进行预处理。方法是用 1 千克菌种和 20 千克麦麸干着拌匀,再用喷壶喷水,水量 16 千克。秋季和初冬(8～11 月份)温度较高,菌种现拌现用,也可当天晚上拌好第二天用;晚冬和早春季节要提前 3～5 天拌好菌种备用。拌好的菌种一般摊薄 10 厘米存放,冬季注意防冻。麦麸也可用饼类、谷糠替代,但其数量应为麦麸的 3 倍,加水量应视不同用料的吸水量确定(以手轻握不滴水为宜)。施用菌种前先在秸秆上均匀撒施饼肥,用量为每 667 平方米100～200 千克,然后再把处理好的菌种撒在秸秆上,并用铁锹轻拍使菌种渗漏至下层一部分。如不施饼肥,也可在菌种内拌入尿素,用量为 1 千克菌种加 50 克尿素,目的是调节碳氮比,促进微生物分解。

④定植打孔　将沟两边的土回填于秸秆上成垄,浇水湿透秸秆。2～3 天后,找平起垄,秸秆上土层厚度保持 20 厘米左右。7 天后在垄上按株行距定植,缓苗后覆地膜。最后按

20 厘米见方,用 14 号钢筋在定植行上打孔,孔深以穿透秸秆层为准(图 3-6)。

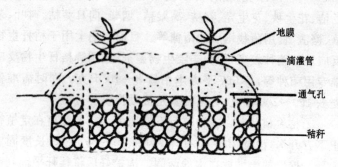

图 3-6 定植行下内置式生物反应堆示意图

（2）**定植行间内置秸秆生物反应堆的建造方法** 一般小行高起垄(20 厘米以上),定植。秸秆收获后在大行内开沟,距离植株 15 厘米。沟深 15～20 厘米,长度与行长相等。沟铺放秸秆 20～25 厘米厚,两头露出秸秆 10 厘米,踏实找平。按每行用量撒接一层处理好的菌种,用铁锨拍振一遍,回填所起土壤,厚度 10 厘米左右,并将土整平,浇大水湿透秸秆。4 天后打孔,打孔要求在大行两边靠近作物处,每隔 20 厘米,用 14 号钢筋打一个孔,孔深以穿透秸秆层为准。菌种和秸秆用量可参照定植行下内置式生物反应堆。

行间内置式反应堆只浇第一次水,以后浇水在小行间按常规进行。管理人员走在大行间,也会踩压出二氧化碳,抬脚就能回进氧气,有利于反应堆效能的发挥。此种内置反应堆,应用时期长,田间管理更常规化,初次使用者更易于掌握。已经定植或初次应用反应堆技术种植者可以选择此种方式。也可以把它作为行下内置反应堆的一种补充措施(图 3-7)。

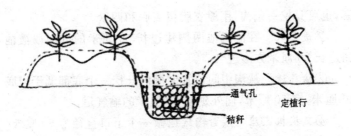

图 3-7　定植行间内置式生物反应堆示意图

(3) 内置式秸秆生物反应堆使用注意事项

第一,在第一次浇水湿透秸秆的情况下,不论什么蔬菜,定植时只浇少量水即可,不能浇大水。平时管理也要减少浇水次数。

第二,每逢浇水后,气孔堵死,都必须重新打孔,以保证微生物反应所需氧气的供应及反应堆二氧化碳气体的释放。

第三,前两个月,浇水时不能冲施化肥、农药,尤其要禁冲杀菌剂,以避免降低反应堆菌种的活性。但叶面喷药不受限制。后期可适当追施少量有机肥或复合肥,每次每 667 平方米冲施有机肥 15 千克左右,或复合肥 10 千克左右。

(4) 外置式生物反应堆的建造方法　外置式生物反应堆是建造在棚外或棚头一侧的生物反应堆,由贮气池、秸秆反应堆、输气道、进气道与交换机组成。外置式反应堆可以大量的、连续不断的向植物提供足够的二氧化碳、抗病生物孢子和具有丰富营养的浸出液,反应堆的陈渣可作为植物的优质肥料。具体建造方法如下。

①贮气池　在温室入口的山墙内侧,距山墙 60 厘米,自北向南挖一个宽 1 米,深 0.8 米,长度略短于大棚宽度的沟作为贮气池。整个沟体可用单砖砌垒,水泥抹面、打底。无条件

者,也可只挖一条沟,用厚农膜覆盖底和四壁。

②**进气孔** 在贮气池两侧建边长50厘米的方形取液池和边长20厘米方形进气口。

③**输气道** 从沟中间位置向棚内开挖一个底部低于沟底10厘米,宽50厘米,向外延伸60厘米的输气道。

④**交换机底座** 接着输气道做一个下口直径为50厘米,上口内径为40厘米,高出地面20厘米的圆形交换机底座,用于安装二氧化碳交换机和输气带。

⑤**反应堆** 贮气池上搭水泥杆和铁丝,上面铺放秸秆。最下面一层最好使用具有支撑作用的长秸秆。每层秸秆同方向顺放,层与层秸秆要交叉叠放。底层以上成捆的秸秆铺放时,要把秸秆解开,以利腐化分解。每50厘米厚秸秆,撒一层用麦麸拌好的菌种,菌种要撒放均匀,轻拍秸秆使菌种落进秸秆层,连续铺放3层。淋水浇湿秸秆,淋水量以贮气池中有一半积水为宜。秸秆堆上要用木棍打孔以利透气。最后用农膜覆盖保湿,秸秆上面所盖塑料膜靠近交换机的一侧要盖严,以保证交换机抽出的二氧化碳气体的纯度。

⑥**安装交换机和输气带** 二氧化碳交换机要平稳牢固,结合处采用泥或水泥密封。然后把二氧化碳微孔传输带套装在交换机上,用绳子扎紧扎牢。二氧化碳微孔传输带,要东西向固定在大棚吊蔓用的铁丝或棚顶的拱架上。交换机接通220伏电源即可。

一般50米的标准大棚,外置反应堆需用菌种6千克,分3次使用,每次2千克;秸秆用量3 000千克,分3次使用,每次用量1 000千克。菌种的预处理同内置反应堆。

很多地方为了利用夏季的高温、高湿等自然优势,建造简易外置式反应堆使用。该反应堆的建造形式,一般只需挖一条相应面积的贮气池,然后铺农膜、水泥杆拉铁丝固定后,加秸秆撒菌种,淋水浇湿,通气,盖膜,反应转化降解等操作程序同上,应用和处理方法同上。此种反应堆二氧化碳利用率低,主要应用浸出液和沉渣。

(5)外置式秸秆生物反应堆的使用

①补气和用气　补气是指补充氧气。秸秆生物反应堆中的纤维分解菌是一种好氧菌,其旺盛的生命活动中需要大量的氧气。因此,反应堆上面盖膜不可过严,四周要留出5~10厘米高的空间,以利于通气。每次浇水后都要用直径10厘米尖头木棍自上向下按40厘米见方,在反应堆上打孔通气,孔深以穿透秸秆层为宜。也可以把长1.5米左右的塑料管壁扎若干个气孔,插入反应堆秸秆层中,便于通气。内径10厘米的塑料管可用2根,细一些的可酌情选用6~8根,管子上端要露出秸秆层。用气是指利用好反应堆释放的二氧化碳气体,反应堆建好当天就应当打开交换机通风换气。前5天,每天开机换气2小时左右。5天后开机时间逐渐延长至6~8小时,以把秸秆生物反应堆产生的二氧化碳通过微孔传输带输送给大棚蔬菜。即使遇到阴天时也要开机3~4个小时,以防止秸秆反应堆发生厌氧反应,产生毒害气体危害蔬菜生长。即使阴雨天,也应每天通气5小时以上。每日开机时间,自上午7时至盖草帘为止。

②补水和用液　水是微生物分解转化秸秆的重要介质。缺水会降低反应堆的效能。反应堆建好后,10天内可用贮气池中的水循环补充1~2次。以后可用井水补充。秋末冬初和早春7~8天向反应堆补一次水,严冬季节10~12天补一次水。补水应以充分湿透秸秆为宜。反应堆浸出液中含有大量的二氧化碳、矿质元素、抗病生物孢子,既能增加植物的营

养,又可起到防治病虫害的效果,生产中可用作叶面肥和冲施肥。用法是按 1 份浸出液对 2～3 份的水,喷施叶片和植株,或结合浇水冲施,每次每沟 15～25 千克即可。

③补料和用渣 外置反应堆一般使用 50～60 天,秸秆消耗在 60%以上。此时应及时补充秸秆和菌种。一次补充秸秆 1 000 千克,菌种 2 千克,麦麸 20～40 千克,浇透水。秸秆在反应堆反应后的剩余陈渣,富含有机和无机成分,收集起来,可作追肥使用,也可以供下茬作物定植时在穴内使用,效果很好。

(四)辣椒定植

1. 地膜覆盖定植方法 地膜覆盖栽培辣椒分为地面覆盖和改良地膜覆盖。

(1)地面覆盖 将地膜覆盖在垄台上,分为先盖膜后定植和先定植后盖膜两种方法,各有优缺点。

先盖膜后定植的,整地时,除了撒施有机肥外,还要开沟施肥灌水再合垄。其优点是可以提前烤地,定植时地温较高,有利于缓苗和发棵。其缺点是膜孔较大,土壤水分容易蒸发,降低了地膜的保墒作用;同时栽苗比较麻烦,栽苗的高低也不容易整齐一致。

先栽苗后盖膜的操作比较方便。定植时在垄台上开 12 厘米深的沟,按 25～30 厘米株距摆苗,苗坨高 10 厘米,低于垄面 2 厘米,并可在株间撒施复合肥作为基肥,定植水灌溉比较充足,水渗下后封埯培垄,刮光垄台和垄帮。每两行一组,覆盖地膜,并开纵口把秧苗引出膜外,再用湿土封严膜口。其优点是保墒效果好,但地温升高慢。

(2)改良地膜覆盖 分为近地面覆盖和高畦沟栽,都可以在终霜前 10 天左右定植。终霜过后可将秧苗引出膜外,地膜贴地覆盖。即所谓的"先盖天,后盖地"。

近地面覆盖是栽完苗浇足定植水后,水渗下封埯培垄。垄上用细竹竿或 φ4 毫米铁丝插上拱架,每垄覆盖 1 幅地膜,做成地膜小拱棚。

高畦沟栽的则在畦面上开深沟,在沟内栽苗,然后在畦面上覆盖地膜,定植期与近地面覆盖相同。

不论哪种覆盖方式,地膜两边都要埋入土中踩实,防止被风吹开。

地膜覆盖栽培基本属于露地栽培范畴,在高温季节到来前辣椒植株必须封垄,植株才能正常生长发育,免受地温高的影响。因此,栽培密度较大,通常大型辣椒品种每 667 平方米栽苗 4 000～8 000 株,小型辣椒品种每 667 平方米栽苗 10 000 株左右。单株定植还是双株定植可根据各地的栽培习惯和品种特性来决定。

2. 小拱棚短期覆盖栽培　小拱棚短期覆盖栽培辣椒,基本属于露地栽培范畴,前期在小拱棚保护下可在终霜前 15 天左右定植,以达到早熟目的。

小拱棚辣椒定植要在露地气温稳定通过 5℃ 时进行,但有时难免出现霜冻或倒春寒。正常年份在终霜前半个月定植,小拱棚可起到防晚霜的作用。北纬 40°地区在谷雨前后定植。

小拱棚短期覆盖栽培定植密度可参照地膜覆盖栽培。定植要选择晴天的上午,最好是南风天气。定植时先在垄上开深沟栽苗,浇足定植水,水渗下后封埯。前边栽苗,后面插拱架、覆棚膜。定植完毕,要把小拱棚薄膜的四周埋在土中踩实。由于春天风大,容易吹开棚膜,1 米宽的小拱棚最好在棚膜外插上外骨架,2米宽的小拱棚要用尼龙绳做压膜线,在棚的两侧钉木桩拴上压膜线。

3. 塑料大中棚春提早栽培　定植前 20～25 天扣棚升温暖地。当 10 厘米土温稳定在 12℃以上,气温稳定通过 5℃以上时方可定植。由于地理纬度差异,定植时期不一致,北纬 40°地区可在 3 月中下旬定植,40°以北地区适当延迟,40°以南地区适当提早。如有多层覆盖条件,可提早 10 天左右定植。中棚空间小,热容量小,保温效果不如大棚,定植偏晚。但是中棚便于外保温,如果夜间覆盖草苫,可提前定植。

选择冷尾暖头的晴天上午定植。定植时在垄上按株距 25 厘米开穴,逐穴浇定植水,水渗下后摆苗,每穴一株。大中棚春茬辣椒,由于环境条件适宜,生长旺盛,植株较高大,宜采用单株定植。每 667 平方米栽苗 5 000 株左右。定植深度以土坨表面与垄面相平为宜。摆苗时注意使子叶方向(即两排侧根方向)与垄向垂直,这样对根系发育有利。定植当天不封埯,过 3 天左右,表土见干时再中耕培垄。

4. 日光温室早春茬栽培　日光温室早春茬辣椒栽培,应根据不同纬度地区和日光温室的保温性能确定定植期。北纬 40°以南地区,可于 1 月中下旬定植;北纬 40°以北地区,早春气温较低,可于立春前后定植。定植前可先扣地膜暖地,然后在垄上打孔栽苗。定植方法和密度同大中棚春茬栽培。

5. 塑料大中棚秋延后和日光温室秋冬茬栽培　这两种栽培茬次的共同特点是夏季遮阳避雨育苗,定植前期温度较高,光照较强,以后温度逐渐下降,光照减弱,不利于辣椒生长。由于辣椒幼苗对环境要求苛刻,适应高温强光能力较差,特别是在遮阳苗床培育的幼苗,定植后一旦环境条件发生大的变化,对生长发育必然产生不利影响,容易引起生理障害和病害的发生。因此,温室和大棚秋茬辣椒栽培,最好在定植前覆盖棚膜,卷起底脚围裙,在昼夜大通风条件下定植。定植前苗床也逐渐减少遮阳,定植前 3～5 天完全撤下覆盖物,使幼苗逐渐适应定植后的新环境。

定植宜选择早晚或阴雨天进行,避开高温强光。定植前要清除温室内及周边的杂草,消灭虫源,减少蚜虫为害。定植时在垄上开沟,按 25 厘米株距摆苗(子叶方向垂直于垄向)。如基肥未施化肥者,可在株间点施复合肥。定植水要浇足,3 天后封埯、培垄。保护地秋茬栽培由于前期温度较高,可覆盖黑色地膜保墒防草。具体做法是用小木板将垄台刮平,在小行距的两垄上覆盖 1 幅地膜。先把地膜的一端埋在前底脚的垄端,拉到北部垄端截断后埋入土中,在垄台上开纵口把秧苗引出膜外,再用湿土封住膜口。

6. 日光温室越冬一大茬栽培 日光温室越冬茬栽培可于 11 月上旬选择冷尾暖头的天气定植。由于此时地温较高,宜采用先定植后覆膜的方法,具体可参照秋冬茬栽培。所不同的是定植后气温逐渐降低,光照减弱,应覆盖透明地膜以达到增温保墒和反光的效果。需要指出是,目前越冬一大茬栽培采收期较长,应选择生长势强、持续坐果能力强的丰产性品种,充分发挥单株的增产潜力,故栽培密度要低于其他茬口,可按照 40～45 厘米株距单株定植,每 667 平方米栽苗2 000～2 500 株。

五、田间管理

(一)地膜覆盖栽培的管理

地面覆盖栽培的辣椒,可按照露地栽培进行管理。

改良地膜覆盖的辣椒在终霜前定植,由于秧苗距地膜很近,地膜下的空间特别小,在密封的条件下,局部湿度大,地膜内表面布满水珠,在地膜下形成水分内循环,高温高湿的环境有利于缓苗,不会烤伤秧苗。

缓苗后终霜尚未结束,秧苗不能引出膜外,但需要适当通风,可在地膜上扎些小孔,使内外空气进行交换,开始少扎孔,并且要在秧苗的株间扎孔。随着外界温度的升高,增加孔的数量。终霜后秧苗不宜立即引出地膜外,需要进行一段时间的锻炼。方法是增加地膜的孔洞,并且要在秧苗部位扎孔,使秧苗逐渐直接见到太阳光。

当外界温度完全符合要求,秧苗已经逐渐适应了自然条件后,近地面覆盖的辣椒,把地膜小拱棚的拱架撤掉,使地膜直接覆盖到垄台上,用土压住。追肥灌水同地面覆盖。

高畦沟栽的辣椒,从垄台上推下一部分土在植株基部培土,但是栽植沟仍要保持一定的深度,取些土把地膜压住。追肥灌水以栽植沟为主,在需水量多时,也可在畦间的沟中灌水。

其他管理同露地辣椒栽培。

(二)小拱棚短期覆盖栽培的管理

小拱棚空间小,白天晴天太阳升起后,棚内气温上升很快,到了下午2时,气温开始下降,日落后气温急剧下降,所以小棚内昼夜温差特别大。

定植后缓苗期密闭不通风,虽然晴天的白天温度很高,由于覆盖普通薄膜,内表面布满水滴,棚内湿度很大,不会烤坏秧苗。密闭后气温高,促进了地温升高,夜间虽然气温较低,因地温较高,地温可以补充气温,秧苗不容易遭受低温冷害。

缓苗后白天气温超过30℃,将小拱棚两端薄膜用竹竿支起通风。随着外界温度的升高,单靠两端通风气温降不下来,可在背风的一侧支起几处薄膜通风。需要浇水时,可从小拱棚的一端揭开薄膜把水灌入垄沟中。

春天风大,需要经常检查,发现薄膜有被风吹开处及时用土压实,特别是大风天气,夜间更要重视。一旦小拱棚薄膜被风吹开,整棚秧苗会全部损失。

随着天气变暖,可从棚的两侧支起通风口使风对流,让秧苗经受锻炼,提高抗逆性。晴天刮南风,气温较高时,在棚内气温尚未升高时把薄膜揭开,立即对植株喷水,并进行大通风。日落时重新盖上棚膜。南风天夜间可不闭棚。当外界温度稳定通过 10℃ 以上时,利用早晚撤下小拱棚,随即追肥灌水,转入露地栽培管理。

(三)大、中棚春提早栽培的管理

大、中棚没有外保温设备,受自然界气候影响较大,升温快,降温也快,管理上要注意防止低温和高温危害。

1. 温光调节 定植后 1 周内不需通风,创造棚内高温、高湿的条件以促进缓苗。大中棚内随天气变化,棚内气温变化非常激烈,晴天中午可达 35℃ 以上,夜间降到 5℃～6℃,遇到寒流强降温天气甚至降到 3℃ 以下。由于大中棚覆盖普通塑料薄膜,内表面布满水滴,缓苗期不会受到高温危害。要天天关心天气预报,如寒流来临,应及时加盖二层幕、小拱棚或采取临时加温措施,防止低温冷害。

缓苗后白天温度保持在 25℃～30℃,高于 30℃ 时打通开风口通风,低于 25℃ 缩小通风口,降到 20℃ 时关闭通风口。夜温 18℃～20℃,最低不能低于 15℃。以后随着外界气温的升高,应注意适当延长通风时间,加大通风量,把温度控制在适温范围内。当外界最低温度稳定在15℃以上时,可昼夜通风。进入7月份以后,把四周棚膜全部揭开,保留棚顶薄膜,并在棚顶内部挂遮阳网或在棚膜上甩泥浆,起到遮阳、降温、防雨的作用。8月下旬以后,撤掉遮阳网并清洗棚膜,并随着外温的下降逐渐减少通风量。9月中旬以后,夜间注意保温,白天加强通风。早霜来临期要加强防寒保温,尽量使采收期向后延迟。

2. 水肥管理 定植时由于地温偏低,只浇了少量定植水,缓苗后可浇1次缓苗水,这次水量可稍大些,以后一直到坐果前不需再浇水,进入蹲苗期,促进根系生长。门椒采收后,应经常浇水保持土壤湿润。防止过度干旱后骤然浇水,否则易发生落花、落果和落叶,俗称"三落"。一般结果前期7天左右浇1次水,结果盛期4~5天浇1次水。浇水宜在晴天上午进行,最好采用滴灌或膜下暗灌,以防棚内湿度过高。辣椒喜肥又不耐肥,营养不足或营养过剩都易引起落花、落果。因此,追肥应以少量多次为原则。一般基肥比较充足的情况下,门椒坐果前可以满足需要,当门椒长到3厘米长时,可结合浇水进行第一次追肥,每667平方米随水冲施尿素12.5千克、硫酸钾10千克。此后进入盛果期,根据植株长势和结果情况,可追施化肥或腐熟有机肥1~2次。

3. 植株调整 塑料大棚辣椒栽培密度较大,前期生长量小,尚可适应,进入盛果期后,温光条件优越,肥水充足,枝叶繁茂,影响通风透光。基部侧枝尽早抹去,老、黄、病叶及时摘除。如密度过大,在"对椒"顶部发出的两杈中留一杈去一杈,进行双干整枝。如植株过于高大,后期需吊绳防倒伏。辣椒花朵小、花梗短,生长调节剂保花处理操作困难,加之春茬栽培温光条件较好,因此,可不用生长调节剂处理。栽培过程中只要加强大棚内温度、光照和空气相对湿度的调控,可以有效地防止辣椒落花落果。

4. 剪枝再生 7月下旬,结果部位上升,生长处于缓慢状态,出现歇伏现象,可在四母斗结果部位下端缩剪侧枝。剪枝选择晴天上午进行,以保证伤口当天愈合。剪枝造成较多伤口,容易感染病害,故剪后应及时喷洒广谱性杀真菌和杀细菌的药剂,防止病害的发生和蔓延。剪枝后立即追肥浇水,促进新枝发生,每667平方米施有机肥3 000千克,三元复合肥20千克。发出新枝后,选留健壮枝条,使其萌发侧枝,形成第二个产量高峰。二茬果结果期,每周喷一次0.3%磷酸二氢钾溶液。新形成的枝条结果率高,果实大,品质好,采收期延长。

(四)日光温室早春茬栽培的管理

日光温室早春茬辣椒栽培,定植后温室的光照、温度条件都比较适合辣椒生长发育,管理相对容易。

定植后密闭保温,促进缓苗。缓苗后控制在最适于辣椒生长发育的温度,白天保持25℃~28℃,超过30℃时通风,降到25℃时缩小通风口,降到20℃时关闭通风口。尽量争取延长最适温度的时间。随着外界气温的升高,加大通风量,防止温度过高。当外界最低温度达到15℃以上时,撤掉前底脚围裙,昼夜通风。

其他管理可参照大中棚春茬辣椒栽培。

(五)塑料大、中棚秋延晚和日光温室秋冬茬栽培的管理

1. 温度管理 保护地秋茬辣椒,定植初期光照较强,温度较高,温室大棚需昼夜大通风。棚内温度白天控制在

25℃～30℃,夜间 15℃～18℃,此期若天阴下雨,要盖严棚膜防雨。9月下旬天气转凉,夜间要盖严棚膜。到 10 月中旬以后,当夜间温度降到 10 ℃以下时,温室和中棚应加盖草苫,使夜间温度不低于 15 ℃,有利于开花、授粉、坐果和植株生长。到 11 月中旬以后天气渐渐寒冷,要注意防冻。保护地秋茬辣椒栽培,中后期尽量延长白天高温时间,白天通风时间逐渐变短,通风量逐渐变小,最后密闭不通风。

2. 预防病毒病　秋冬茬辣椒生长前期温度高、光照强,所以应重视预防病毒病的发生。除防治蚜虫外,要定期喷施防治病毒病的药剂,如病毒 A、菌毒清、植病灵、抗毒素等,以有效控制病毒病发生。

3. 水肥管理　定植初期通风量大,土壤水分蒸发快,蒸发量大,对水分需求量较大。定植 2～3 天后浇一次缓苗水。现蕾前保持土壤水分适宜,表土见干时逐沟灌水,灌水后在土壤干湿适宜时中耕,然后进行蹲苗,促进根系发育。门椒坐果并开始膨大时,每 667 平方米追施硫酸铵 20 千克。结果期还要追肥 1～3 次,追肥时期、数量,根据植株长势进行。结果期经常保持土壤湿润,以后随着通风量减少,土壤水分散失速度慢,浇水间隔要适当延长,但仍需保持土壤湿润。

4. 植株调整　塑料大棚秋延后辣椒枝叶繁茂,行间通风透光差,应及时疏掉主茎基部的腋芽,并适当疏掉向内伸长且长势较弱的"副枝"。如植株生长势强,可插直排架绑缚枝条,以防植株倒伏。具体做法是每行辣椒的垄两端先插一根结实的粗竹竿,每行用 3 道腰杆连接形成单排架,最后每两排用短竹竿连成一体,可以根据需要将枝条绑缚固定到直排架上。

一般到 10 月中旬至 11 月中旬果实基本长成,塑料大棚辣椒要陆续采收销售或进行短期贮藏。因为以后随着温度的降低,辣椒价格会不断提高,短期贮藏后会增加产值。南方地区采用多层覆盖越冬栽培的,辣椒长成后不采收,而是采取挂秧保鲜的方法,延迟到元旦、春节时采收。

日光温室秋冬茬辣椒可在门椒出现后进行整枝。一般采用双干或三干整枝,即每株留2～3个主枝向上生长,其余侧枝和腋芽全部疏除。门椒坐果后,适当摘除基部1～2片老叶、黄叶。门椒膨大时,将门椒下部叶片全部打掉,后期在每个椒下只留2片叶,其余老叶全部打掉。整枝时要用尼龙绳吊秧。具体做法是在每个定植行上方南北向拉一道φ2.2毫米(14#)铁丝,南低北高,北侧应不低于1.8米。每株辣椒吊2～3根尼龙绳,上端系在铁丝上(系活扣),下端用小竹棍固定在定植行上,或将吊绳直接系于对椒的分杈处,随着植株的生长,将保留的2～3个主枝缠绕在尼龙绳上,侧枝保留1叶1花或留1叶摘心。调整枝条的伸展方向,以利于植株最大限度地吸收光能。

入冬以后,温度低、湿度大,不利于坐果。可采用振荡植株的方法来辅助授粉,如效果不佳可适当采用番茄灵、番茄丰产剂二号抹花来提高坐果率。

(六)日光温室越冬一大茬栽培的管理

1. 温度调节

(1)气温 定植到缓苗温度宜高,一般白天28℃～32℃,夜间18℃～20℃,地温20℃～23℃,越冬茬辣椒定植初期温光条件较好,上述条件容易满足。7天左右辣椒即可缓苗,需要及时降温,白天28℃～30℃,夜间17℃～20℃,地温16℃以上。最高温度不要超过30℃,在一天当中30℃的高温不宜超过3小时,如果高温时间过长,对坐果和果实发育会带来不良影响。最好采取四段变温管理,即上午温度控制在 26℃～28℃,因为一天之内,辣椒在上午的光合作用最旺盛,温度较高有利于提高光合速率;下午温度控制在 25℃～26℃,一方面保证下午的光合作用,同时有利于温室蓄热。下午室内气温降至 17℃～18℃时盖草苫,盖草苫后气温回升 2℃～3℃,故前半夜温度维持在 20℃～17℃,保证白天制造的光合产物的有效运输;后半夜 17℃～15℃,降低呼吸消耗。

进入冬季后随着光照时间变短,强度变弱,天气变冷,管理的温度可适度调低。逐渐把白天的温度调到 24℃～27℃,夜间最低温度 13℃～15℃。这样就能在白天弱光下获得较高的净光合率,在减少夜间呼吸消耗的情况下,使作物能有较多的光合产物积累。日光温室应设置加温设备,在外界温度较低时,室内最低气温有时低于 10℃,短时间内对植株的生育影响不大,如果长时间低于 10℃甚至更低,或遇到暴风雪、连阴天和寒流天气,就要进行临时加温,以保证辣椒的正常生长。

开春以后,天气变暖,要随着自然界光照的日益增强,逐渐提高管理温度,直至恢复到正常的管理温度。总的原则是白天气温不超过 30℃,夜间不低于 16℃。进入 4～5 月份,外界夜间气温不低于 16℃时,可揭开底脚薄膜昼夜进行通风。

(2)地温 地温高低对辣椒的生育结果的影响大于气温。据试验,地温 23℃～28℃时,气温 28℃～33℃和气温 18℃～23℃的产量几乎没有差别。而当地温下降到 18℃时产量就要受到影响,低于 13℃就要受到严重影响。越冬一大茬栽培的辣椒在进入 1 月份时,地上枝叶繁茂,阳光直接照射到地面的数量明显减少,地温上升受到限制。如果再遇有连阴雾天,地中贮热大量散失,地温持续下降,时间一长,根系就会变得衰弱,节间变短,不久便出现结果过度型的植株早衰,大量出现"僵果"的现象。因此,严寒冬季提高地温是获得高产的关键。过去主要是通过白天提高气温,以气温升高来带动地温的升高,也可以通过整枝、摘叶,增加地面接收直射的光量来改善地温。目前最经济有效的措施就是利用前面介绍的内置式秸秆生物反应堆技术来提高冬季温室的地温。实践证明,在辣椒上应用效果显著。

2. 光照调节 越冬茬辣椒生长前期光照条件优越,可满足辣椒生长发育的需求。入冬后光照减弱,应在保证室内温度的条件下尽量早揭晚盖草苫,以延长光照时间;阴雪天揭帘争取散射光照。同时,应及时清洁膜面,增加透光率。

3. 水肥管理 定植 3 天后浇透缓苗水,直至门椒坐果前一般不需浇水,进行蹲苗。浇水要根据天气变化和植株长势进行,以浅浇、勤浇、晴天上午浇为原则,地表 10 厘米范围内土壤水分不足,表土见干时即应浇水。并随温度变化来确定灌水间隔期,初冬 7~10 天灌 1 次,深冬 15 天灌 1 次,开春随气温升高 7 天左右灌一次,并开始灌大沟,初时灌一沟隔一沟交替进行,后期全灌。严冬季节最好采用"熟水"浇灌,即浇水前先将水在蓄水池中预热,使之温度升高到 12℃以上,待冷水变成"温水"后再浇灌辣椒,切忌用冷水直接浇灌。

辣椒最怕旱涝不均,不可大水漫灌造成湿度过大,也不可过于干旱后骤然浇水。否则,极易落花、落果和落叶。水分管理上要使土壤经常保持湿润状态,造成一个既不缺水又疏松透气的土壤环境,才适合辣椒的生长和发育。

辣椒对养分的吸收主要集中在结果期。门椒坐果后至采收前,不仅植株不断增长,第二、第三层果实也在膨大生长,上部还形成枝叶,陆续开花结果,是追肥的关键时期。当门椒长到 3 厘米左右时结合浇水进行第一次追肥,每 667 平方米施尿素 20 千克,硫酸钾 10 千克,或腐熟沼液 2 000 千克,中期可适当增施充分腐熟鸡粪、饼肥等有机肥,减少化肥使用量,提高产品的质量。有机肥应充分腐熟并在施前 1 周进入发酵池,灌水时随水冲施。

4. 植株调整

(1)吊秧　日光温室越冬一大茬辣椒栽培,由于生长期长,植株高大,结果多,枝条繁茂细弱,必须进行吊秧栽培。具体方法同秋冬茬栽培。吊秧后枝条合理分布,有利于改善植株的通风透光条件,同时还可通过调整枝条顶端的开张角度,调节枝条的长势。例如当植株长势较旺时,可把主枝的生长点压低,抑制其生长;对于生长较弱的枝条,可用绳缠绕尖端稍稍提起,促进其生长。

(2)整枝　目前,对于生长势较强、产量较高的辣椒品种多采用双干整枝和三干整枝。双干整枝就是在"对椒"以上萌发出的 4 个枝条中,将 2 个长势差的枝条疏除,这样"四母斗"也结出 2 个果。在其上再发出的 4 个枝条,也做这样的处理,如此坚持下去,便形成了双干生长的株型。双干整枝的植株通透性良好,果实个大,生长整齐,更容易形成质量优良的产品。三干整枝则是保持三个枝条向上生长,如植株是三杈分枝,即选留该三条主枝作为结果枝,如二杈分枝,可将对椒上分出的 4 个枝条去掉一条较弱的,保留 3 条结果枝,或保留门椒下方的一个健壮侧枝作为结果枝条(图 3-8)。

根据既定的整枝方式,及时抹掉门椒以下主茎上叶腋间发生的腋芽,腋芽一般不宜超过 3 ～4 厘米。主茎上的叶片暂时保留。随着果实的采收,下部的老叶、病叶要及时摘除,以减少病害,增加地面及植株下部光照。生长过程中要及时疏掉无效枝条,减少养分竞争和改善通风透光条件。总之,在整个生育

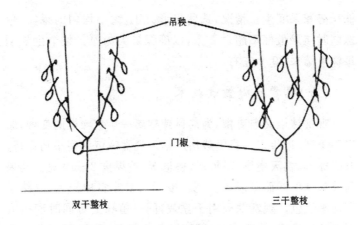

图 3-8　辣椒"双干"整枝和"三干"整枝示意图

过程中,要保证阳光透过枝条可隐约照射到地面为好。

(3)保花保果　越冬茬生产冬季低温期间,常因温室内温度偏低而引起落花,造成减产。因此必须采用相应的措施来提高辣椒的坐果率。国外多采用熊蜂辅助授粉,国内多采用生长调节剂处理。开花期选用 25～30 毫克/升的番茄灵,在下午 4 时以后,或者上午 10 时以前,用手持小喷雾器向花蕾、盛开的花朵和幼果进行喷洒。也可用于蘸花和涂抹花柄。番茄灵的使用浓度与温度有很大关系,温度高时采用低浓度处理,温度低时采用高浓度处理。为避免重复使用,在处理药剂中应加入红色的颜料和少量嘧霉胺,可预防灰霉病的发生。

(4)疏花疏果　栽培普通辣椒通常无需疏花疏果。但栽培彩色甜椒必须进行疏果处理。因为彩色甜椒的果实均比较大,而且果实转色需要一定的时间,如果植株上留果过多,势必影响果实的大小,而且果实转色期延长,因此,可通过疏花疏果来控制。通常门椒开花前就将花蕾疏掉,坐果后根据植株长势和果实生长情况,选留果形方正,大小均匀的果实,单株同时结果最好不超过 6 个,以确保果大肉厚。整个生长期每株可结果 20 个左右。

(七)观赏辣椒盆栽技术

观赏辣椒又名看椒,为茄科辣椒属一年生辣椒的变种,原产于美洲,近年来在我国栽培广泛。观赏辣椒果型小巧奇特,有圆球形、朝天指形、吊钟形、桃形等,单果重 2～10 克。幼果因成熟度不同而呈现出白、黄、橙、红、紫等多种颜色,成熟果实均为红色。观赏辣椒用于盆栽,同一植株上可同时着生五彩斑斓的果实,艳丽多姿,既可以美化阳台、居室,又能装点花坛、瓶饰,是一种非常有发展前途的观果类植物。应根据市场行情确定生产规模。

观赏辣椒的生物学特性及育苗方法与普通辣椒基本相同,生产中可采用常规育苗或穴盘育苗。当幼苗具 5～8 片真叶时即可上盆。

1. 上盆 观赏辣椒上盆选用塑料盆或素烧盆均可,旧花盆使用前需必须用清水冲洗干净。对于生长势较弱,植株较矮壮的品种可选用直径 15～20 厘米的花盆,每盆栽 1 株;直径较大的花盆,每盆可栽 2～3 株。对于植株长势较强的品种可选用直径 50 厘米左右的花盆。观赏辣椒根系好气性强,上盆前用 2 块小瓦片搭在排水孔上,先向盆底填入 3 厘米厚的炉渣,以利通气排水。盆土可按照大田土、草炭、腐熟有机肥 6:3:1 的比例配制,每盆加复合肥 5～10 克。装土先装至盆深的一半,再将脱去营养钵的苗坨摆于花盆正中,向苗坨四周填营养土并用手轻轻按压,把辣椒苗坨栽稳,注意土面与盆边保持 3 厘米高的距离,最后浇透定根水。如室内观赏栽培可在土面上铺一层珍珠岩或蛭石,既美观又能防止土面浇水后板结。由于采用营养钵护根育苗,上盆后在阴凉处1~2天放置即可缓苗。

2. 日常养护管理 观赏辣椒缓苗后即开始旺盛生长,管理上宜掌握 2~3 天浇 1 次水,保持盆土湿润,但切忌天天浇水,否则观赏辣椒根系易窒息死亡。室内栽培的观赏辣椒,由于光照、空气相对湿度等环境因素的影响,极易落花。为提高坐果率,可于开花期进行人工辅助授粉。每天上午观察已开放的花朵,如花药开裂散粉后,轻轻震动植株,使花粉落到柱头上,或可用棉签蘸取花粉,轻轻涂抹柱头。授粉后的坐果率可达 90% 以上。果实坐住后,可薄施复合肥溶液 1~2 次,促进果实生长,以利观赏。结果期注意保持盆土湿润,否则果实皱缩无光泽。大部分果实基本成熟后,可将上部茎叶和果实剪掉,继续浇水、追肥,精心养护,如管理得当,观赏辣椒可以再次发生侧枝,开花结果至元旦前后。

六、收获和贮藏保鲜

(一)采 收

1. 普通商品椒的采收方法 保护地辣椒栽培,以青熟果供应市场,应在品质最佳时采收。采收的标准是果实的体积已长到最大限度,果肉加厚,种子开始发育,重量增加,种子开始变硬,果皮有光泽。这时,不但品质最佳,单果重量也达到最大。此时,呼吸强度蒸腾作用也最低,有利于运输和短期贮藏。但是果实期争夺养分,特别是种子的发育要消耗大量的养分,下部的果实往往影响上部果实的发育,前期如不适当提早采收,会造成果实赘秧,使营养生长和生殖生长不平衡。所以,前期果实要适当提早采收。进入盛果期以后,可在果肉加厚时再采收,植株生长势弱的提早采收,长势旺的适当延迟采收。

秋冬茬和秋茬,在结果前期提高采收频率,后期尽量延迟采收或挂秧保鲜。

2. 彩色甜椒的采收方法 彩色甜椒上市时对果实质量要求较为严格,最佳采摘时间是:黄、红、橙色的品种,在果实完全转色时采收;白色、紫色的品种,在果实停止膨大、充分变厚时采收。采收时用剪刀或小刀从果柄与植株连接处剪切,不可用手扭断,以免损伤植株和感染病害。按大、小分类,包装出售;为防止彩色甜椒果实采后失水而出现果皮褶皱现象,应采取薄膜托盘密封包装,方可在低于室温条件下或超市冷柜中进行较长时间的保鲜。每个托盘可装2~3种颜色果实,便于食用时搭配。

(二)贮藏保鲜

1. 挂秧保鲜 华北以南地区,塑料中棚秋延晚栽培的辣椒,利用棚外覆盖草苫和棚内加扣小拱棚的方法,可将已长成的辣椒挂秧保鲜至春节前后价格较高时采摘销售。具体方法如下。

(1)准备工作 扣盖小拱棚前,要将植株上的空果枝和赘枝及嫩尖剪除,以减少养分消耗。然后把中棚两边和中间1行的辣椒带着土坨铲起,转移到栽培畦的大行间囤栽,然后普遍浇1次水,使土坨与地面密合。再用75%百菌清可湿性粉剂600倍液,喷布全部枝叶和果实,一定要喷严、喷细、喷透。

(2)注意保温 挂秧保鲜期间小棚内的温度白天能够保证20℃以上,夜间12℃以上,挂在植株上的幼果尚可以继续生长。单从挂秧保鲜的角度出发,以小棚内的温度不低于8℃为好,最好不低于5℃,最低也不要低于3℃。温度低时要陆续加盖草苫,中棚外增设风障,在背阴处覆草,或在草苫外再覆盖塑料布等,都可以进一步提高棚内温度。

(3)通风排湿 高湿很容易引起果实和植株发生腐烂,条件允许时,尽量做到每天都要进行通风排湿。排湿时还要注意消除中棚膜上的水滴,防止其滴落到果实和植株上引起烂秧烂果。薄膜无滴持续期过后的棚膜,可以喷涂无滴剂100倍液,对棚膜进行无滴化处理。

(4)增加光照 辣椒植株和果实在较长时间不见光的情况下,极易出现烂秧的现象。故凡是在温度允许的情况下,都要揭开小拱棚上的草苫使辣椒见光。

(5)清除烂果烂秧 挂秧保鲜期间要定期进行检查,发现烂果、烂秧要及时处理。

等到市场行情合适时,就要连秧拔起,一次性采收上市。必要时可以将红、绿辣椒分开出售。

2. 贮藏保鲜 辣椒比较耐贮藏,利用这一特点,日光温室秋冬茬栽培和大棚秋延后栽培在深秋采收后进行贮藏,可将辣椒果实保存2～3个月,在元旦、春节前后上市,增值效果非常明显。需要贮藏的辣椒需要注意以下问题。

(1)采前停止灌水 采前5～7天停止灌水,其耐贮性会大大提高。若采前大量灌水,使辣椒体内的水分和重量增加,但辣椒本身的干物质如糖、维生素、色素等物质没有增加,会导致采收后辣椒呼吸强度提高,水分消耗加快,易发生机械伤害。含水量高也易引起微生物侵染,容易腐烂,使贮藏过程中损耗增加。

(2)选择适宜采收期 辣椒果实的成熟度与耐贮性有很

重要的关系。贮藏应选择果实已充分膨大,营养物质积累较多,果肉厚而坚硬,果面有光泽、颜色浓绿时采摘;成熟不充分的嫩椒在贮藏过程中容易脱水干缩,而过熟的辣椒贮藏期间经过后熟容易转红、变软,风味变劣。

辣椒采后会继续进行呼吸作用,即通过气孔、皮孔与萼片等部位吸收氧气,排出二氧化碳。呼吸作用消耗果实体内的有机物,使品质变劣。因此,贮藏的辣椒一定要尽可能地降低其呼吸作用。呼吸作用的强弱与环境温度有关,温度升高,呼吸作用加强,故低温处理是抑制呼吸作用的有效途径。需贮藏的果实,一般应在晴天早晨温度较低时采收。一天中,以上午 10时前采收为宜,此时的温度低,田间热在果实中积累少。

(3)采收注意事项 采摘辣椒最好用无锈的剪刀连同果柄上的节一同剪下,采摘时不可劈裂果柄,碰伤果肉。采下后最好轻轻放入贮藏专用的周转木箱、塑料箱、纸箱,箱内衬纸或塑料袋,果与果摆紧,但不要用手硬塞。

(4)采后处理

①预冷 辣椒采后需立即进行预冷处理。在田间温度下,只要拖延几个小时,就会对贮藏质量产生影响,在环境温度较高时更为严重。可将采下的果实摊置阴凉的室内,利用自然空气对流,也可强制通风对流,使果实的温度冷却到贮藏适温的范围,这样可以减少呼吸消耗,较好地保持原有品质。

②选果 选择充分膨大、果肉厚而坚硬、果面有光泽、果柄没被剪裂的绿熟果进行贮藏。剔除病、虫、伤果,因为这些果极易腐烂并会传染其他好果。红熟或过于幼小的果实不能贮藏。

③消毒 采收后入贮前需对果实进行消毒。采收 3 天内用辣椒专用保鲜剂或 $0.05\% \sim 0.1\%$ 甲基硫菌灵溶液,或

0.025%～0.05%多菌灵溶液,喷洒果实,晾干后贮藏。

贮藏的目的是保持品质,防止辣椒打蔫、腐烂和后熟变红。主要措施是控制贮藏的温度和湿度。关键是创造低温条件,抑制果实呼吸强度,以延缓后熟。辣椒适宜的贮藏温度为7℃～9℃,空气相对湿度85%～90%。湿度小,果实容易脱水、萎蔫,果肉皱缩,降低商品品质。湿度过大,再加上贮藏初期遇到高温,容易造成果实腐烂,果柄处发黑、长霉等。所以,在贮藏过程中应掌握温度"宁低勿高"的原则,因地制宜,根据实际情况灵活采用不同贮藏法。下面介绍几种辣椒简易贮藏的方法。

(1)埋藏法 选地势干燥的场地,东西向延长挖贮藏沟,沟宽1米,长度不限,以贮藏数量决定。沟深要超过当地最大冻土层。沟底铺一层干净的细河沙或垫一层秫秸,将采摘后的辣椒装入40～50厘米高的筐内,筐上盖一层木屑。贮藏期间分2～3次再向筐上覆盖木屑或稻壳等轻质防寒物,以保持果堆内的温度在7℃～9℃。贮藏期间严防漏水,初期每隔7～8天检查倒动1次,挑出烂果。2～3次后每隔15天倒1次。此种方法可贮藏辣椒2个月。

(2)窖内筐贮法 在筐内铺衬干净的地膜,然后将青椒一层层码好,不可装满,并要使铺衬物能将上部包裹起来,借以保湿,使筐内相对湿度达到90%左右。操作时一定要避免机械损伤。将筐摆放在菜窖内,温度保持7℃～9℃。5～10天倒筐1次,进行挑选和检查,把果柄伤口处或萼片已变色的、果肉出现小毛病等不宜继续再贮藏的果实挑出上市。把已腐烂的果要剔除,受烂果沾污的果实虽不腐烂,也不宜再继续贮藏。此法可贮藏近3个月。

(3)缸藏法 缸内壁需先用0.5%～1%漂白粉溶液洗涤

消毒。将选好的果实果柄朝上摆在缸内，一层辣椒一层沙，每层沙的厚度以不见辣椒为准，一直摆到接近缸口处，上面用两层牛皮纸或者塑料薄膜封住，使辣椒基本上脱离了外界空气的影响。封缸后将缸放在阴凉处或者棚子里。贮藏期间每隔5～10天揭开封口，换气10～15分钟，如果天气转冷，缸口应加盖草苫，缸四周也用草苫防寒。缸贮辣椒在0℃下可以贮藏2个月，好果率90％以上。

(4)谷糠藏法　谷糠（稻谷壳）是空心的壳制物，内含的空气相对稳定，有良好的绝缘性，可保持埋藏环境温度的稳定。其缺点是吸水性强，易吸水变红色。谷糠藏法在包装、堆码、管理等过程与埋藏法相同。此法只适宜短期贮藏辣椒，且以耐藏性较好的尖椒类为主。

第四章　保护地辣椒病虫害防治

一、辣椒病害的基本知识

辣椒的病害分为侵染性病害和非侵染性病害。侵染性病害是由病原体引起的,辣椒的侵染性病害主要由真菌、细菌和病毒引起的。这些病害能传染,成为侵染性病害,如辣椒疫病、辣椒疮痂病、辣椒病毒病;非侵染病害不是由病原体引起的,不能侵染,是由环境条件不适宜或营养失调造成的。如温度过高或过低,水分过多或过少,光照过强或过弱,肥料和营养元素过多或过少,土壤 pH 值不适宜,有毒气体和农药使用不当引起的生理障害,如辣椒烧根、涝害、日灼、"三落"等障害。

(一)侵染性病害

1. 真菌引起的病害　辣椒的病害由真菌引起的最多。真菌的生长发育分为营养和繁殖两个阶段。真菌的营养体是由丝状体的菌丝组成,在作物受害部分向各个方向延伸,吸收养分。真菌的繁殖体包括各种类型和大小的孢子。真菌的繁殖分为无性繁殖和有性繁殖两种方式。根据菌丝和孢子的特点,把真菌分为薄状菌纲、子囊菌纲、担子菌纲、半知菌类。真菌孢子可借风、雨、昆虫传播,不断再侵染。真菌病害常见的症状有白粉、锈粉、霉层、煤污,对应的病害有白粉病、菌核病、灰霉病、黑霉病、污霉病等。真菌病害常见症状有穿孔、猝倒、立枯、变色、叶斑、畸形等。

2. 细菌引起的病害 危害辣椒的细菌多呈杆状。病原菌一般在病残体上越冬,借雨水、灌溉水、昆虫和工具传播。细菌的侵染主要从气孔、皮孔、蜜腺和伤口侵入。细菌病害一般呈水浸状坏死、腐烂,散发出臭味,出现黄色或白色的溢脓,干燥后呈灰白色薄膜。

3. 病毒引起的病害 病毒主要通过刺吸口器昆虫、嫁接、机械损伤的伤口侵染。病毒在种子、病残体、土壤和昆虫体内越冬。病毒病常见的症状有花叶、斑枯、丛枝、矮化、畸形等。

(二)非侵染性病害

1. 辣椒高温障碍 白天棚室内气温超过 35℃,持续 4 小时以上,夜间高于 20℃,湿度低,土壤缺水,通风不及时,辣椒叶片上出现黄色至浅黄色不规则形斑块。

2. 辣椒低温冷害和冻害 低温冷害是指辣椒生长发育过程中遇到轻微低温,出现叶绿素减少,或在近叶柄处产生黄色条斑,病株生长缓慢或朽住不长。遇有冰点以上的较低温度即发生冷害,叶尖、叶缘出现水浸状斑块,叶组织变褐色或深褐色,后呈现青枯状,严重时落花、落叶、落果。

冻害是遇到冰点以下的温度,不论幼苗或成株被冻死。简易保护地风障或地膜覆盖栽培,定植期偏早,定植后出现霜冻,秧苗被冻死。小拱棚、大棚定植后遇到寒流强降温,棚内短时间气温降到 0℃以下秧苗受冻害。

3. 辣椒烧根 苗期和成株期时有发生。表现为根尖发黄,不发新根,前期一般不烂根,表现在地上部生长慢,植株矮小脆硬,成为小老苗。有的苗期开始发生烧根,到 7～8 月份高温季节才表现出来。烧根轻的植株中午打蔫,早晚尚能恢复,后期由于气温高,供水不足,植株干枯,形似青枯病或枯萎病,但是纵剖茎部不见异常。

辣椒烧根主要是使用过量未腐熟的有机肥,尤其是在施用未充分腐熟的鸡粪,或土壤供水不足的情况下,很容易发生烧根。

4. 辣椒涝害 遭受涝害的辣椒植株,轻的中午萎蔫,早晚尚能恢复,严重的永久萎蔫而枯死。主要原因是地势低洼,地下水位高,湿度大时水分难于渗透土壤中或散失,造成较长时间积水,造成根系供氧不足,不能正常呼吸,时间长了植株窒息枯死。

5. 辣椒三落病 辣椒落叶、落花、落果,是保护地和露地辣椒生产上的主要生理障害。前期有的只是花蕾脱落,有的是落花,有的是果梗变黄后逐个脱落,有的在生长中后期落叶,使生产遭受严重损失。

造成辣椒三落的原因是环境条件不适宜。一是温度不适宜。地温低于 18℃,根系生理功能下降;8℃ 时根系停止生长,植株处于不死不活状态;气温低于 15℃,虽然能开花,但花药不能放粉。生长期间气温高于 35℃ 不能受精,地温高于 30℃ 根系受到伤害都要落花。二是辣椒生长期间遇到连续阴雨天气,光照不足或相对湿度低于 70%,营养过剩或生殖生长失调,植株徒长,水分过多或不足均可导致落花、落蕾和落果。三是土壤肥力不足,土壤中缺磷、缺硼,或秧苗素质差,管理粗放,定植后不能早缓快发,进入高温季节封不上垄,地温高辣椒根系受伤害,造成落蕾落花。四是辣椒遭受病虫危害,如病害疮痂病、细菌性叶斑病、炭疽病、病毒病,虫害如烟青虫、茶黄螨等为害严重,也可导致落叶。

6. 辣椒缺素症 辣椒生育期间缺乏各种营养元素都有不同的表现。缺氮,植株瘦小,叶小且薄,发黄,后期叶片脱落;缺磷,苗期植株瘦小,发育缓慢,成株缺磷,叶色深绿,叶尖变黑或枯死,生长停滞,从下部开始落叶,不结果;缺钾,花期开始显出症状,植株缓慢,叶缘变黄,叶片易脱落,进入成株期缺钾时,下部叶片叶尖开始发黄,后叶缘或叶脉间形成黄色麻点,叶缘逐渐干枯,向内扩至全叶灼烧状或坏死状,叶片从老叶向心叶或从叶尖向叶柄发展,植株容易失水而枯萎,果实小易脱落;缺钙,花期缺钙植株矮小,顶叶黄化,下部还保持绿色,生长点及其附近枯死或停止生长,引起果实下部变褐腐烂。后期缺钙,叶片上出现黄白色圆形小斑,边绿褐色,叶片从上向下脱落,最后全株光杆,果实小且黄或成脐腐果;缺锌,辣椒植株矮,顶端生长迟缓,顶端小叶丛生,叶片畸形细小,卷曲或皱缩,有褐色变条斑,几天之内叶片枯黄或脱落。

7. 辣椒日灼病　辣椒日灼病又称日烧病。由阳光直接照射引起的一种非侵染性病害。主要发生在果实向阳面上。发病初期被太阳晒成灰白色或浅白色革质状,病部表皮变薄,组织坏死发硬。后期腐生菌侵染,长出灰黑色霉层而腐烂。

日灼病的发生主要是由于栽植过稀或管理不当,使辣椒的果实暴露在阳光下,引起果实局部过热,或是尽管果实隐藏在叶片下,但由于散射光聚光到果实,造成果实局部过热,而发生日灼病;早晨果实上出现大量露珠,太阳照射后,露珠聚光吸热,致果实灼伤;炎热的中午或午后土壤水分不足,雨后骤晴都可引起日灼病。

8. 辣椒脐腐病　脐腐病又称顶腐病或蒂腐病,主要危害果实。被害果于花器残余部及附近初现暗绿色水浸状斑点,后迅速扩大,直径2～3厘米,有时可扩到近半个果实。患部组织皱缩,表面凹陷,常伴随弱寄生菌侵染而呈黑褐色或黑色,内部果肉也变黑,但仍较坚实,如遭软腐细菌侵染则引起软腐。

脐腐病在高温干旱条件下易发生,水分供应失常是诱发此病的主要原因。植株前期土壤水分充足,但植株进入生长旺盛时水分骤缺,原来供给果实的水分被叶片夺取、致使果实突然大量失水,引起组织坏死而形成脐腐;也有人认为是植株不能从土壤中吸取足够的钙素,致脐部细胞生理紊乱,失去控制水分的能力而发病。此外,土壤中氮肥过多,营养生长旺盛,果实不能及时补充钙也会发病。故坐果后连续喷洒1%过磷酸钙,或0.1%氯化钙,或0.1%硝酸钙等2～3次,可防止或减轻脐腐病的发生。

二、辣椒虫害的基本知识

为害辣椒的害虫绝大多数是昆虫,只有少数螨类。害虫分为咀嚼式口器害虫和刺吸式口器害虫两种。

(一)咀嚼式口器害虫

咀嚼式口器害虫为害辣椒时,咬食辣椒的根、茎、叶、花和果实。有的将叶片咬成孔洞、缺刻、甚至吃光,有的将秧苗贴地面咬断,有的蛀入果实。这类害虫需用胃毒剂防治,害虫进行为害时将药剂一并吞入胃中而中毒。

(二)刺吸式口器害虫

刺吸式口器害虫为害辣椒时,口器刺入叶片或嫩梢组织吸食汁液,使叶片、嫩梢皱缩、卷曲,出现斑点、变色等现象。这类害虫胃毒剂不容易进入其消化道,一般农药防治无效,必须用内吸剂农药或触杀剂农药防治。

三、辣椒病虫害的防治原则

(一)防治病害的原则

1. 严格遵守植物检疫规定 随着市场经济的发展,辣椒进出口商贸及种质资源交换利用等活动日趋频繁,必须严格遵守植物检疫规定,从源头上杜绝病害传入和蔓延。

2. 选用抗病品种 我国辣椒类型和品种非常丰富,各地都有高产、优质、抗病的常规品种和杂交种。选择抗病的辣椒品种,可减少药剂用量,不但节省药费和人工,降低生产成本,还符合生产无公害蔬菜的方向。

3. 提高栽培技术,控制病害发生 培育适龄壮苗,增施有机肥作基肥,精耕整地,浇足定植水,创造有利于辣椒生长发育而不利于病原菌生长和繁殖的环境条件,促进秧苗早缓快发,植株健壮,发育正常,提高抗病性,减少病害的发生。

4. 防治病害必须符合无公害生产要求 使用农药防治,选用高效低毒农药,不使用禁用农药,做到辣椒果实无农药残留。

(二)防治虫害的原则

1. 清除虫源 在各种保护地设施的四周,及时清除杂草;生产一茬辣椒后清除残株,清洁环境,减少害虫来源。

2. 生物防治 虽然自然天敌优势种群较难建立,但是应用微生物制剂,如苏云金杆菌、青虫菌6号,此外还有丽蚜小蜂、赤眼蜂等,都可代替部分化学农药。

3. 物理防治 利用昆虫的趋光性,用灯光诱杀成虫;利用成虫的趋化性用糖醋液(糖∶醋∶水＝3∶1∶6)诱杀成虫。

利用昆虫的忌避作用,如迁飞蚜忌避银灰色,覆盖银灰色地膜,日光温室后部张挂镀铝膜反光幕,除提高光照强度外,还有避蚜作用,可防止病毒病的发生。塑料大棚也可悬挂银灰色膜条避蚜。

4. 利用防虫网防治害虫　除了露地生产以外,各种保护地设施栽培辣椒,在虫害发生的季节,覆盖防虫网,不但害虫不能进入,还有遮阳和防暴雨和强光的作用。辣椒保护地栽培利用防虫网防治害虫,辣椒既不会遭受虫害,也杜绝了虫传病害,节省了农药支出和农药污染,对生产无公害产品是极为有利的。据测试22目银灰色防虫网,防虫效果超过95％。

四、病害防治

(一)猝　倒　病

【危害症状】　辣椒播种以后,由于病菌的侵染,常造成胚芽和子叶变褐腐烂,致使种子不能萌发,幼苗不能出土。当幼苗出土后,子茎基部受病菌侵染,呈水渍状,淡黄褐色,无明显边缘,逐渐失水变细,成为线状,由于不能承受上部子叶的重量而猝然折倒,子叶在短期内仍保持绿色。此病一旦发生,蔓延非常迅速,幼苗成片死亡。苗床潮湿时,病部及附近土壤表面有绵状菌丝体。

【病原及发生规律】　引起幼苗猝倒病的病原菌是腐霉菌。病菌在土壤中越冬,通过流水、带菌肥料或农具传播。此外,播种过密、移苗不及时、浇水过多、通风不良、用未消毒的旧床土育苗,均使病害加重。

【防治方法】 加强苗期管理,严格控制温、湿度,注意通风换气,提早分苗,严格选苗;对床土进行消毒处理,每平方米床土用福尔马林 30～50 毫升,加水 1～3 升,浇湿床土,覆盖塑料膜 4～5 天,然后去掉,经 2～3 周后播种;或者用 50%多菌灵可湿性粉剂,每平方米用 5～8 克药,与 10～15 千克细土混匀,1/3 铺底,2/3 覆盖种子上;发现少量病苗时,应及时拔除病株,撒少量干土或草木灰降低湿度,同时可喷洒 72.2%普力克水剂 400 倍液,或 15%恶霉灵水剂 450 倍液,或 50%多菌灵可湿性粉剂 500 倍液,或 75%百菌清可湿性粉剂 600倍液,每 5～7 天 1 次,连续喷洒 2～3 次。

(二)立枯病

【危害症状】 此病发生较猝倒病较晚,但延续时间长,一般在辣椒真叶出现以后、开花结果以前为害,严重时也能使种子腐烂。幼苗白天萎蔫,夜间恢复,反复几天以后,枯萎死亡。茎基部生椭圆形、暗褐色病斑,略凹陷,扩大到茎基部周围,病部收缩干枯,叶色变黄凋萎,根变褐腐烂,直至全株死亡。由于本病发生在木栓化以后,一般不倒伏,立枯病因此而得名。湿度高时,病部生褐色稀疏的蛛网状霉(可与猝倒病区别)。

【病原及发生规律】 引起幼苗立枯病的病菌是半知菌亚门的丝核菌、镰刀菌。病菌在土壤里越冬,通过流水、农具或带菌肥料传播。此外低温寡照,地温低,湿度大,应用未经消毒的旧床土育苗等,都容易发病。

【防治方法】 同幼苗猝倒病。

(三)辣椒疫病

【危害症状】 茎、叶、果均能受害。苗期发病,幼茎基部呈水浸状软腐倒伏,病斑呈暗褐色。定植后,叶片发病,病斑暗褐色,迅速扩大,造成叶片软腐脱落。茎和果实被害,出现水浸状病斑,引起软腐。潮湿时,病部可见到白色霉状物。

【病原及发生规律】 由鞭毛菌亚门疫霉属真菌侵染引起,病菌随病残体在土壤中越冬,成为翌年初侵染来源。靠风雨传播到寄主植物上,发病后产生的新孢子囊和萌发后形成的游动孢子,又借风雨或灌水进行再侵染,引起病害迅速蔓延。高温、高湿发病严重,低洼地,排水不良,重茬发病也重。棚室栽培闷湿易发病,薄膜破损、漏雨处肯定是病窝。

【防治方法】 与非瓜类蔬菜、非茄科蔬菜实行 2 年轮作,发病严重地块和棚室,实行 3 年轮作。选用抗(耐)病品种 如湘研 3 号、湘研 5 号、辽椒 2 号、中椒 6 号、早丰 1 号、中椒 2 号、中椒 8 号、通椒 1 号、河南早椒等。用无病土育苗,播种时药土下铺上盖。使用无病种子,浸种催芽前要进行种子消毒,再用 10%硫酸铜液浸 5 分钟,用草木灰中和酸性,洗净后再催芽。加强栽培管理,培育适龄壮苗,施足有机肥,增施磷钾肥,采用高垄或高畦,铺地膜。小拱棚短期覆盖,或棚室栽培,调节好温、湿度,炎热夏季要覆盖遮阳网。

发现病害及时喷药,药剂可选用 50%苯菌灵可湿性粉剂 1 000 倍液,或 25%阿米西达悬浮剂 1 500 倍液,或 75%百菌清可湿性粉剂 60 倍液,或 69%安克可湿性粉剂 600 倍液,或 80%炭疽福美可湿性粉剂 800 倍液,或 77%可杀得可湿性微粒粉剂 500～800 倍液,或 50%利得可湿性粉剂 800 倍液,或 80%大生可湿性粉剂 800 倍液,交替喷布。棚室栽培,可用沈阳农业大学研制的烟剂 1 号与烟剂 3 号等量混合熏烟,667平方米用量 350～400 克。

(四)辣椒炭疽病

【危害症状】 辣椒炭疽病常见的有两种,即黑色炭疽病和红色炭疽病。黑色炭疽病主要在成熟果上发病,有时叶片也发病。果实发病初期产生水浸状褐色斑点,扩展后呈大小不等的圆形或不规则形、黑褐色、稍凹陷的病斑。病斑上有稍隆起的同心轮纹,上面生有许多小黑点。湿度大时,病斑表面溢出红色黏稠物。被害的果实内部组织呈半软腐状,易干缩致使病部呈牛皮纸状,易破碎。有时叶片上发病,病斑近圆形或不规则形,中间灰褐色,边缘褐色,其上生小黑点。

红色炭疽病,初时病斑为水浸状淡褐色斑点,逐渐扩展后多呈圆形或近圆形大型病斑。病斑棕黄色,凹陷,病斑上微现橙红色小点,略呈同心环状排列。发病严重时整个果实烂掉。

【病原及发生规律】 黑色炭疽病为茄果腐黑刺盘孢菌,属半知菌亚门真菌。红色炭疽病为辣椒盘长孢菌,属半知菌亚门真菌。

病菌以分生孢子、特别是分生孢子盘随病残体在土壤中越冬。越冬后病菌产生分生孢子,靠棚膜滴水崩溅和雨水、灌溉冲溅传播到植株下部果实、叶片上萌发后,由伤口侵入。红色炭疽病菌还能直接侵入。发病后,病斑上产生新的分生孢子,靠风雨、昆虫及农事操作传播,进行第二次侵染。温、湿度适宜,潜育期黑色炭疽病3～4天,红色炭疽病5～7天。所以,条件适宜病害容易大发生。

病菌喜高温、高湿条件。黑色炭疽病菌发育适温12℃～35℃,最适温度为27℃,红色炭疽病菌为15℃～35℃,相对湿度为95%,低于70%的相对湿度不适合其发育。分生孢子扩散和侵入需要有水滴存在。棚室内灌水次数多,灌水量大,通风排湿不及时,环境闷湿极易发病。作物栽植密度过大,偏施氮肥,也会加重发病。伤口多特别是日烧果发病重。果实过熟也容易发病。不同的辣椒品种间发病有差异。

【防治方法】 选用抗病品种,使用无病种子,用无病土育苗,与非茄科作物实行 2 年以上轮作。增施磷钾肥,避免栽植过密,控制好环境条件,及时通风排湿,适时适量追肥,防止早衰。发病初期及时用药剂防治。药剂可选用 50%多菌灵可湿性粉剂 500 倍液,或 50%苯灵可湿性粉剂 1 000 倍液,或70%甲基硫菌灵可湿性粉剂 800~1 000 倍液,或 75%百菌清可湿性粉剂 600 倍液,或 80%大生可湿性粉剂 800 倍液,或77%可杀得可湿性微粒粉剂 500~800 倍液,或 80%炭疽福美可湿性粉剂 800 倍液,6~7 天喷 1 次,连续喷 2~3 次。此外,温室熏烟可选用沈阳农业大学研制的烟剂 1 号与烟剂 3号等量混合,667 平方米用 350~400 克。

(五)辣椒根腐病

【危害症状】 辣椒根腐病各地保护地生产中均有发生,特别在低洼、多雨地区发生严重,并有日益加重趋势。该病多发生在定植缓苗后不久的植株上。植株茎基部及根部皮层褐色,湿腐状,植株地上部枝叶萎蔫、枯黄,病部最后缢缩,腐烂。皮层易剥离露出暗色的木质部,病株多倒伏而死。

【病原及发生规律】 辣椒根腐病的病原菌为腐皮镰孢菌,属半知菌亚门真菌。

病菌以菌丝体、厚垣孢子和菌核在病残体及土壤中越冬,尤其厚垣孢子在土中能存活 5~6 年甚至更长。病菌从根部伤口侵入,在病部产生分生孢子,借雨水、灌溉水传播,进行再侵染。高温、高湿有利于发病。低洼地、连作地、黏土地发病严重。

【防治方法】 避免连作,增施有机肥,培育适龄壮苗。高垄或高畦栽苗,覆盖地膜。粪肥要充分腐熟,定植防止伤根。加强管理,防止高温高湿,尽量创造适合辣椒生长发育的条件,促使植株健壮,提高抗病能力。

发病初期及时使用药剂防治。可选用药剂有50%多菌灵可湿性粉剂500倍液,或75%敌可松可湿性粉剂800倍液,或50%甲基硫菌灵可湿性粉剂500倍液,或10%双效灵水剂200～300倍液,或15%百毒清水剂250～300倍液,或3.2%克枯星水剂500～700倍液,灌根或喷洒地表、植株基部。6～7天喷洒一次,连续喷洒2～3次。

(六)辣椒灰霉病

【危害症状】 灰霉病是棚室蔬菜生产的重要病害,除了危害辣椒外,还侵染番茄、黄瓜、菜豆和韭菜等。

辣椒灰霉病苗期和成株期均可发生。苗期发病幼苗多是子叶和刚抽出的真叶变褐腐烂。稍大的幼苗叶片和叶柄先呈水浸状,变褐腐烂,以后干枯,表面生出灰霉。严重时扩展到幼茎上,病部褐色腐烂,折断倒伏造成死苗。成株地上部各部位均能发病。果实多由残花和残留的柱头先发病,也有的从萼片上发病,然后向果面扩展。病部灰白色的水浸状,后软化腐烂,病部长满厚厚的灰色霉层。病果一般不脱落。

【病原及发生规律】 病原菌为灰葡萄孢菌,属半知菌亚门真菌。以菌核遗留在土壤中越冬,越冬后遇适宜条件,菌核萌发产生菌丝体和分生孢子,借气流、露滴传播。农事操作也能传播。分生孢子在温、湿度条件适宜时,很快发芽产生芽管,由伤口或抵抗力弱的部位,如残花等直接穿透表皮侵入。

花期是病害侵染高峰期。

病菌在2℃～31℃范围内均可发育,发育适温为20℃左右,90％以上的相对湿度,并喜弱光,所以棚室冬春栽培容易发病,病势较重。过于密植,氮肥使用过多,灌水量大,通风排湿不及时,均能使病害加重。

【防治方法】 发病初期,趁病部尚未长出灰霉之前,摘除病叶、病果运出棚室深埋。并立即喷药防治,药剂可选用50％多菌灵可湿性粉剂500倍液,或60％防霉宝超微粉剂600倍液,或50％速克灵可湿性粉剂1 500倍液,或50％扑海因可湿性粉剂1 500倍液,或50％农利灵可湿性粉剂1 000倍液,或2％武夷霉素水剂150倍液,或50％克霉灵可湿性粉剂800倍液,或40％嘧霉胺(施佳乐)悬浮剂1 200倍液,或50％混杀硫悬浮剂500倍液喷布。也可用10％灭克粉尘喷粉,每667平方米喷1 000克,或用灰霉净粉剂350～400克熏烟。

灰霉病菌容易产生抗药性,喷药时应轮换使用药剂。

(七)辣椒菌核病

【危害症状】 辣椒菌核病在露地和保护地生产中都有发生。地上部各部位均可发病,但多从主茎和侧枝上发生。开始发病部位呈水浸状淡褐色稍凹陷病斑,后来病斑变灰白色,干缩状,湿度大时病部长出白色絮状霉层,皮层很快腐烂。病茎表皮及髓部易形成菌核。菌核不规则形扁平状,较大。后期病部干枯,髓空,表皮破裂,纤维呈麻状外露,植株枯死。叶片发病,产生水浸状褐色轮纹病斑。花受侵染后,出现水浸状腐烂脱落或形成僵果。

【病原及发生规律】 病菌为禾盘菌,属子囊菌亚门真菌。以菌核在土壤中越冬,也可混在种子里越冬。遇到温、湿度条件适宜,菌核陆续萌发抽生子囊盘,子囊盘中的子囊孢子成熟即弹出,是病害初侵染来源。子囊孢子萌发后先侵害老叶片和花瓣,引起发病。受害叶片及花瓣脱落后附在无病的茎、叶上即可传播。菌核本身也可产生菌丝直接侵入贴地面茎叶和果实。

病害发生中期,由病部长出的白色絮状菌丝可形成新的菌核。这些菌核萌发后可再次侵染。病菌侵染期长,所以辣椒生育期可陆续发病。

土壤中有效菌核数量的多少,与病害发生的轻重关系密切。新建的棚室,经过轮作倒茬的棚室,土壤中残留菌核少,发病很轻或不发病,反之则发病严重。菌核形成和萌发适宜温度分别为 30℃ 和 10℃ 左右,并要求土壤湿润。在温、湿度适宜的条件下,菌核不但萌发率高,萌发也快,持续时间长,从而产生大量的子囊盘和子囊孢子。温度 16℃～20℃,相对湿度 85%～100%,最适宜菌核生长。棚室阴湿,植株郁闭发病重,植株长势弱发病也重。

【防治方法】 选用抗病品种,进行种子消毒,培育适龄壮苗。采用高垄、高畦栽培,覆盖地膜。增施磷钾肥,控制好棚室温度和空气相对湿度,当空气相对湿度控制在 80% 以下时,可减少发病。

发现病株及时拔除深埋。发病初期立即喷药防治,药剂可用 50% 甲基硫菌灵可湿性粉剂 500 倍液,或 50% 速克灵可湿性粉剂 1 500 倍液,或扑海因可湿性粉剂 1 000 倍液,或 50% 氯硝胺可湿性粉剂 1 000 倍液。各种药剂交替使用,5～7 天喷布 1 次,连续 3～4 次。

(八)辣椒霜霉病

【危害症状】 辣椒霜霉病主要危害叶片、叶柄及嫩茎。

叶片染病,病斑略呈绿色,不规则,叶片的背部稀疏的白色薄霉层,病叶较厚变脆,稍向上卷,后期叶片容易脱落。叶柄和嫩茎染病,呈褐色水浸状,病部也现白色稀疏的霉层。

【病原及发生规律】 病原菌为辣椒霜霉,属鞭毛菌亚门真菌。孢囊梗从气孔伸出,单生或丛生,无色,长约211~516微米,基部稍膨大,顶部叉状分枝。孢子囊卵形至椭圆形或近球形,无色,卵孢子见于叶组织中,黄褐色,球形至近球形。

病菌以卵孢子越冬,翌年条件适宜时产生游动孢子,借风雨传播蔓延,进行再侵染,经多次再侵染形成该病的流行。一般在雨季气温20℃~24℃发病严重。

【防治方法】 选用抗病品种,培育适龄壮苗。实行2年以上的轮作。施足有机肥、基肥,深翻细耙,作高垄或高畦,覆盖地膜,合理密植。控制好棚室温湿度,促进秧苗早缓快发,健壮生长,提高抗病性。

发现霜霉病株及时拔除深埋,并立即喷药防治。药剂可选用72%克霜氰可湿性粉剂800倍液,或69%安克锰锌可湿性粉剂900倍液,或90%三乙膦酸铝可湿性粉剂500倍液,或72%克露可湿性粉剂800倍液,或69%安克锰锌可湿性粉剂900倍液,或60%琥乙膦铝可湿性粉剂500倍液,或1∶1∶200倍波尔多液,喷布2~3次,不同药剂交替使用。棚室还可选用7%防霉灵粉尘剂或5%百菌清粉尘剂,每667平方米100克喷布。

(九)辣椒黄萎病

【危害症状】 辣椒黄萎病多发生在生长中后期。刚发病时,近地面的叶片下垂,叶缘或叶尖逐渐变黄,发干或变褐,脉间的叶肉组织变黄,茎基部导管变褐,沿主茎向上扩展达到数个侧枝，最后全株萎蔫，叶片枯死脱落。该病扩展较慢，一般多造成植株矮化、节间缩短、生长停滞，造成不同程度的减产。

【病原及发生规律】 病原为大丽花轮枝孢菌，属半知菌亚门真菌。菌丝体无色至褐色，有隔膜，分生孢子梗直立。病菌以休眠菌丝、厚垣孢子和微菌核在病残体或土壤中越冬，成为翌年的初侵染源。多数报道种子里带有菌丝或分生孢子，可以作为病害的初侵染源，但也有人认为种子不带菌。病菌在土壤中可存活6～8年，在当地混有病残体的农家肥和带菌土壤或茄科杂草，借风、雨、流水或人畜及农具传到无病地块。翌年病菌从根部的伤口或直接从幼根表皮或根毛侵入，后在维管束内繁殖，并扩展到枝叶。该病在苗期和定植后低于15℃持续时间长，容易发病。

【防治方法】 选用抗病品种，育种单位从辣椒、茄子、棉花上分离对辣椒致病力不同的菌株，才能准确地测定出其对辣椒黄萎病的抗性。因辣椒黄萎病是典型的土传病害，最好与禾本科实行4年轮作，有条件的实行水旱轮作。种子在播种前进行消毒处理。采用无病土育苗，从禾本科地块取土，用不含茄科植物残体的有机肥配制床土，培育适龄壮苗。适时定植，在10厘米深的地温达到15℃以上时定植，并且要覆盖地膜。调节好棚室的温湿度，促进早缓快发，健壮生长。及时追肥浇水，防止脱肥。

发现黄萎病及时用药剂治疗。发病初期浇灌10％治萎灵水剂300倍液，或80％防霉宝超微可湿性粉剂600倍液，或50％苯菌灵可湿性粉剂1 000倍液，或50％琥胶肥酸铜（DT）可湿性粉剂350倍液，每株灌对好的药液0.5升，或用12.5％增效多菌灵溶剂200～300倍液，每株浇灌100毫升。不论采用何种药剂，采收前3天不能用药。

（十）辣椒白绢病

【危害症状】 又称南方疫病。主要危害茎基部，初期病茎基部暗褐色，其上长出白色绢丝状菌丝体，呈辐射状扩展，四周尤为明显，后期在病部菌丝上产生褐色菌核，湿度大时，菌丝体在地表向四周扩散，也产生褐色至深褐色小菌核。

【病原及发生规律】 病原菌称整齐小核菌，属半知菌亚门真菌。有性态称罗氏阿太菌，属担子菌亚门多孔菌目，膏药菌科真菌。自然条件下很少发生。在生活史中主要靠无性世代产生两种营养菌丝和菌核。生育期中，产生的营养菌丝白色。

白绢病菌以菌核存在与土壤 2.5 厘米处，2.5 厘米以下发芽明显减少，在土壤中 7 厘米处几乎不发芽。病菌以菌核混杂在种子中，或以菌核在土壤中越冬，翌年长出菌丝，从根或根茎扩展部侵入，当气候条件适宜时，菌丝开始生长侵入根茎部，菌丝呈放射状扩展缠绕根茎部或产生黄褐色至黑褐色菌核，菌核在土壤中可存活 5～6 年，菌核依随土壤环境变化而决定繁殖或休眠。在高温高湿条件下容易萌发，发芽适温为 20℃，低于 20℃，高于 20℃发芽率下降。白绢病菌在地温 20℃～40℃均可为害，最适温度为 25℃～35℃，其中 30℃最重。土壤湿度与菌核萌发有关，土壤含水量 20％时，病菌腐生力最高，并随含水量增加而降低，当土壤含水量由 30％慢慢降到 15％时被害最重。在露地栽培的辣椒白绢病多在雨后发生。

白绢病菌生长温度 28℃～32℃，最适温度为 25℃～35℃，30℃，相对湿度 100％是菌丝生长最佳条件。

【防治方法】 发现病株及时拔除，深埋或烧毁。定植前进行深耕，把病株翻入土层深处。实行轮作，发病初期用 15％三唑酮（粉锈宁）可湿性粉剂或 50％甲基立枯磷（立克菌)可湿性粉剂1份,对细土100～200份,撒在病部根茎处,防效明显。也可喷洒20%甲基立枯磷乳油1000倍液,7～10天1次,连喷1～2次。

(十一)辣椒褐腐病

【危害症状】 又称霉疫病,主要危害辣椒的花器官和果实。花器染病后变褐腐烂,脱落或悬吊在枝上。果实染病,变褐软腐,果梗呈灰白色或褐色,病组织逐渐失水干枯,湿度大时病部密生白色至灰白色茸毛状物,顶生黑色大头针状球状体,即病菌孢子囊梗和孢子囊。

【病原及发生规律】 病原菌称茄霉,属接合菌亚门真菌。大小孢子囊都产生,多生在同一菌丝上,大孢子囊生在直立不分枝孢囊梗顶端,分生孢子梗直立,顶端呈叉状分枝。除辣椒外,还危害茄子、番茄、瓜类和豆类的花器和果实。病菌以菌丝体随病残体在土壤中越冬,翌年条件适宜时,分生孢子传播到辣椒上,由伤口侵入。发病后病部又产生大量分生孢子,借风雨或灌水传播蔓延,进行再侵染。病菌发育适温度25℃～30℃,相对湿度高于85%易发病。在通风不良的日光温室或塑料大棚,温度高,光照不足容易发病。

【防治方法】 棚室栽培辣椒应合理密植,覆盖地膜,采用滴灌或膜下暗沟灌水,及时通风,调节好温度和空气相对湿度。发病初期喷洒80%炭疽福美可湿性粉剂800倍液,或50%苯菌灵可湿性粉剂1500倍液。药剂交替使用,采收前3天停止用药。

(十二)辣椒白斑病

【危害症状】 白斑病主要危害叶片,初生1～2毫米褐色点,后边缘呈棕褐色,中央灰白色,略凹陷,尤其在嫩叶上易发生,开始病斑扩展缓慢,后逐渐形成轮纹斑,湿度大时病斑容合成不规则形斑,病叶黄化或脱落。茎部染病形成5~10毫米的长形斑,其他部位也可产生不整齐的褐色小斑点。花瓣和果实一般不发病。

【病原及发生规律】 病菌称番茄柄霉,属半知菌亚门真菌。病菌以菌丝体和分生孢子随病残体在土壤中越冬,翌年条件适宜时进行初侵染,发病后病部产生分生孢子,借风雨传播进行再侵染。气温20℃~25℃时,连续阴雨后的多湿条件容易发病。

【防治方法】 选用抗病品种,培育适龄壮苗,增施有机肥及磷钾肥,定植后加强田间管理,喷洒植宝素7 500倍液,或多效好4 000倍液,增强植株抗病力。

发病初期喷洒75%百菌清可湿性粉剂400~500倍液,或80%新万生可湿性粉剂800倍液,或50%多·硫悬浮剂500倍液,10天喷1次,连续喷2~3次。采收前7天停药。

(十三)辣椒污霉病

【危害症状】 危害叶片、叶柄及果实。叶片受害开始叶面上出现污褐色圆形至不规则形霉点,后形成煤烟状物,可布满叶面、叶柄及果面,严重时几乎看不见绿色叶片及果实,到处布满黑色霉层,影响光合作用。致病叶提早枯黄或脱落,果实提前成熟但不脱落。

【病原及发生规律】 病原菌称辣椒斑点芽枝霉,属半知菌亚门真菌。病菌以菌丝和分生孢子在病叶上或土壤中,植物病残体上越冬,翌年产生分生孢子,借风、雨、粉虱等传播蔓延,湿度大,粉虱多易发病。

【防治方法】 棚室调节好温湿度,加强通风换气,防止湿度过高。

发病初期喷洒 30%碱式硫酸铜(绿得宝)悬浮剂 400 倍液,或 50%琥胶肥酸铜可湿性粉剂 500 倍液,或 14%络氨酸水剂 300 倍液,或 77%可杀得可湿性粉剂 500 倍液,或 47%加瑞农可湿性粉剂 800～900 倍液,10 天喷 1 次,采收前 3 天停止用药。

(十四)辣椒叶霉病

【危害症状】 主要危害叶片。叶面上初现浅黄色不规则形褪绿斑,叶背病部初生白色霉层,不久变为灰褐色绒状霉,即病原菌的分生孢子梗和分生孢子,随着病情的扩展,叶片由下而上逐渐变成花斑,严重时变黄枯干。

【病原及发生规律】 病原菌称褐孢霉,属半知菌亚门真菌。病菌主要以菌丝体和分生孢子梗和分生孢子随病残体遗留在地面越冬,翌年气候条件适宜时,病组织上产生分生孢子,借风雨传播,分生孢子在寄主表面萌发后从伤口或直接侵入,病部又产生分生孢子,借风雨传播进行再侵染。植株过密,株间郁闭,湿度大,温室白粉虱为害都能诱发叶霉病。

【防治方法】 培育适龄壮苗,合理密植。棚室调控好温湿度,露地生育期间,雨后及时排水,降低田间湿度。发病初期,及时喷药防治,药剂可选用 50%多菌灵可湿性粉剂 800 倍液,或 40%杜邦新星(福星)乳油 9 000 倍液,或 47%加瑞农可湿性粉剂 800～1 000 倍液,或 60%防霉宝水溶性粉剂1 000倍液,10 天喷 1 次,连续喷 2～3 次。采收前 3 天停止用药。

(十五)辣椒叶斑病

【危害症状】 主要危害叶片。叶斑出现在叶片的正背两面,近圆形至长圆形或不规则形,叶面病斑浅褐色,湿度大时,叶背对应部位生有致密灰黑色至近黑色绒状物,病斑正背两面均围以暗褐色细绒圈,有的在外围还生浅黄色晕圈。

【病原及发生规律】 病原菌称辣椒色链隔孢或辣椒褐柱孢,属半知菌亚门真菌。病菌可在种子上越冬,也可以菌丝块在病残体上或菌丝在病叶上越冬,成为翌年初侵染源。病害常在苗床就发生。高温高湿持续时间长,病害容易扩展。

【防治方法】 培育适龄壮苗,实行轮作,定植后覆盖地膜,加强管理,控制好棚室温湿度。

发病初期喷洒1∶1∶200倍波尔多液,或75%百菌清可湿性粉剂500倍液,或50%多·硫悬浮剂500倍液,或36%甲基硫菌灵500倍液,或50%多霉灵(多霉灵加万霉灵)可湿性粉剂1 000倍液,或77%可杀得可湿性粉剂400～500倍液。7天喷1次,连续喷2～3次。采收前7天停止用药。

(十六)辣椒斑枯病

【危害症状】 主要危害叶片,在叶片上出现白色至浅灰黄色圆形或近圆形斑点,边缘明显,病斑中央具有许多小黑点,即病原菌的分生孢子器。病斑直径2～4毫米。

【病原及发生规律】 病原菌称番茄壳针孢,属半知菌亚门真菌。以菌丝和分生孢子器在病残体、杂草或附着在种子上越冬。成为翌年初侵染源,一般分生孢子器吸水后,器内胶质物溶解,分生孢子溢出,借风雨溅到辣椒植株上,从气孔侵入,后在病部产生分生孢子器及分生孢子扩大为害。菌丝发育适温 22℃～26℃,12℃以下,27.8℃以上发育不良,分生孢子 52℃10 分钟致死。相对湿度 92%～94%有利于发病。

【防治方法】 选用抗病品种,无病土培育适龄壮苗,高畦或高垄覆地膜定植,缓苗后加强管理,调节好温湿度。

发病初期喷洒 64%杀毒矾可湿性粉剂 400～500 倍液,或 58%甲霜灵·锰锌可湿性粉剂 500 倍液,或 80%新万生可湿性粉剂 800 倍液,或 75%百菌清可湿性粉剂 600 倍液,或 50%混杀硫悬浮剂 800 倍液。10 天 1 次,连续 2～3 次。采收前 7 天停止用药。

(十七)辣椒软腐病

【危害症状】 辣椒软腐病主要危害果实,病果初生水浸状暗绿色斑,后变褐软腐,有恶臭味,果肉腐烂,果皮变白,整个果实失水后干缩,挂在枝蔓上,稍遇外力即脱落。

【病原及发生规律】 病原菌称胡萝卜软腐欧菌,菌体短杆状。生育最适温度 25℃～30℃,最高 40℃,最低 2℃,致死温度 50℃10 分钟,最适 pH 值 7.3,pH 值 5.3～9.3 范围均能适应。病菌随病残体在土壤中越冬,成为翌年初侵染源。通过雨水或灌溉水飞溅,使病菌从伤口侵入,染病后病菌又可通过昆虫及风雨传播。地势低洼易涝,钻蛀性害虫多,连阴雨天气多,湿度大软腐病容易流行。

【防治方法】 培育适龄壮苗,合理密植,覆盖地膜,调控好棚室温湿度,露地防止积水。及时防止害虫,从源头上防止病害发生。

发病初及时喷洒 72%农用硫酸链霉素可溶性粉剂 500 倍液,或 77%可杀得 500 倍液,或 14%络氨铜水剂 300 倍液,或 3%中生菌素可湿性粉剂 100 倍液。

(十八)辣椒青枯病

【危害症状】 辣椒青枯病初期症状,仅表现为最幼嫩的1片或几片叶萎蔫,最初萎蔫尚可恢复,以后趋于稳定。条件合适时2～3天即可表现为全株萎蔫。叶片从下向上变黄褪绿,后期呈褐色焦枯。病茎外表症状不明显,纵剖茎部维管束变褐色,横切面保湿后可见乳白色黏液溢出,别于枯萎病。

【病原及发生规律】 病原菌称青枯假单胞杆菌,属细菌。病菌随病残体遗留在土壤中越冬,翌年通过雨水、灌溉水及昆虫传播。多从寄主根茎部的皮孔或伤口侵入,前期处于潜伏状态,坐果后遇适宜条件,在寄主体内繁殖,向上扩展,破坏细胞组织,致茎叶变褐萎蔫。土温是发病的重要条件,当土壤温度达到20℃～25℃,气温30℃～35℃,田间易出现发病高峰,尤其是大雨或连阴雨后骤晴,气温急剧升高,湿气、热气蒸腾量大,更易促成该病流行。此外,连作重茬地,或缺钾肥,管理粗放,地势低洼、排水不良地块,或酸性土壤都利于发病。过去青枯病主要发生在南方,近年来在北方日光温室内也有发生。

【防治方法】 选用抗病品种,实行轮作,整地时施入草木灰或石灰等碱性肥料,使土壤呈微碱性,抑制青枯菌的繁殖和发展。改进栽培技术,提倡用营养钵育苗或穴盘育苗,做到少伤根,培育壮苗提高寄主抗病力。进入发病阶段,预防性喷淋14%络氨铜水剂300倍液,或77%可杀得可湿性微粒粉剂500倍液,或硫酸链霉素4 000倍液,或72%农用硫酸链霉素可溶性粉剂4 000倍液,或3%中生菌素可湿性粉剂1 000倍液。隔7～10天1次,连续喷淋3～4次。或50%敌枯双可湿性粉剂800～1 000倍液灌根,隔10～15天1次,连续灌2～3次。

(十九)辣椒疮痂病

【危害症状】 辣椒疮痂病也叫细菌性斑点病,是辣椒常见的病害,各地保护地辣椒生产均有发生,发病严重时提早落叶,损失很大。

疮痂病多在成株期发生,主要危害叶片、茎枝和果实。叶片发病,初时出现水渍状、黄绿色小斑点,逐渐扩展成大小不等的圆形或不规则病斑。病斑边缘褐色,稍隆起,中央浅褐色,稍凹陷,表面粗糙,疮痂状。病斑多时融合成较大病斑或病斑连片,引起落叶。重病株叶片几乎落光,仅剩枝梢几片小叶,对产量影响很大。茎枝上发病,病斑呈不规则条斑或块斑,后木栓化或纵裂为疮痂状。果实发病,出现圆形或不规则形疱疹状黑色病斑。后病斑疮痂状,边缘有裂口,并有水渍状晕环,湿度大时有少许菌脓溢出。

【病原及发生规律】 病原菌为野油菜黄单孢菌辣椒斑点病致病型,属细菌。病菌主要附着在种子表面越冬,也可随病残体在土壤中越冬。土壤中病菌借灌溉水流传播至植株下部叶片、茎上、果实上引起发病。发病后细菌借风雨、棚膜滴水、昆虫和农事情操作传播,由气孔或伤口侵入,在细胞间隙发育、繁殖,并分泌刺激性物质刺激病部组织,使表皮细胞增高,病斑边缘稍隆起呈疮痂状。

温度 27℃～30℃,相对湿度 90％以上,适合病害发生。保护地内灌大水,通风不及时,造成闷热潮湿条件,病害迅速发生和发展。植株徒长或衰弱,病情加重。

【防治方法】 选用抗病品种,进行种子消毒,实行 2～3 年轮作。定植后加强管理,控制好棚室温、湿度,减少发病条件。

发现病害立即用药剂防治,药剂可选用琥·乙膦铝

(DTM)可湿性粉剂 500 倍液,或新植霉素 4 000～5 000 倍液,或硫酸链霉素 400 倍液,或 14％的络氨铜水剂 300 倍液,或 60％百菌通可湿性粉剂 500 倍液,或 14％络氨铜水剂 300 倍液,或 47％加瑞农可湿性粉剂 800 倍液。7～10 天喷 1 次,共喷 2～3 次。

(二十)辣椒病毒病

【危害症状】 辣椒病毒病常见有花叶、黄化、坏死和畸形等 4 种症状。花叶分为轻型花叶和重型花叶两种类型。轻型花叶病叶初现明脉轻微褪绿,或现浓、淡绿相间的斑驳,病株无明显畸形或矮化,不造成落叶;重型花叶除表现褪绿斑驳外,叶面凹凸不平,叶脉皱缩畸形,或形成线形叶,生长缓慢,果实变小,严重矮化。病叶明显变黄,出现落叶现象。病株部分组织变褐坏死,表现为条斑、顶枯、坏死斑驳及环斑等。病株变形,如叶片变成线状,或植株矮小,分枝极多,呈丛枝状。有时几种症状同在一株上出现,或引起落叶、落花、落果,严重影响甜(辣)椒的产量和品质。

【病原及发生规律】 世界各地报道的毒源 10 多种,我国已发现 7 种,包括黄瓜花叶病毒(CMV)、烟草花叶病毒(TMV)、马铃薯 Y 病毒(PVY)、烟草蚀纹病毒(TEV)、马铃薯 X 病毒(PVX)、苜蓿花叶病毒(AMV)和蚕豆萎蔫病毒(BBwV)。其中最多的是黄瓜花叶病毒,占 55％。黄瓜花叶病毒可划分为 4 个株系,即重花叶株系、坏死株系、轻花叶株系及带状株系。黄瓜花叶病毒是危害辣椒的最主要毒源,可导致辣椒系统花叶、畸形、卷叶矮化等,有时产生叶片枯斑或茎部条斑。第二位毒源是烟草花叶病毒,主要在前期危害,常引起急性型坏死枯斑或落叶,后心叶呈系统花叶,或叶脉坏死,茎部斑面或顶梢坏死。马铃薯 Y 病毒在辣椒上产生系统性轻花叶和斑驳,引致花叶、矮化、果少等症。马铃薯 X 病毒引致辣椒产生系统性重花叶和叶脉深绿。苜蓿花叶病毒在辣椒上产生系统花叶或褪绿黄斑。蚕豆萎蔫病毒造成辣椒叶片系统性褪绿、斑驳,花蕾变黄,顶枯,茎部坏死及整株萎蔫。

病毒的传播途径随其毒源种类不同而异,但主要可分为虫传和接触传染两大类。可借虫传的病毒主要有黄瓜花叶病毒、马铃薯 Y 病毒及苜蓿花叶病毒,其发生与蚜虫的发生情况关系密切,特别遇高温干旱天气,不仅可促进蚜虫传毒,还会降低寄主的抗病性;烟草花叶病毒靠接触及伤口传播,通过整枝打杈等农事操作传染。此外,定植晚、连作地、低洼及缺肥地易引起该病流行。

【防治方法】 选用耐病、抗病品种,最好用无病毒种子,或用 70℃ 干热处理干种子 72 小时,或用 10% 磷酸三钠浸种 20～30 分钟后洗净催芽。培育适龄壮苗,与非茄果类作物 2 年以上轮作。适时定植,高垄或高畦覆盖地膜,促进早缓快发,植株生长健壮,提高抗病力。加强栽培管理,在分苗、定植前或花期分别喷洒 0.1%～0.2% 硫酸锌,防治好蚜虫,调节好环境条件,尽量减少传播病毒的机会。

发现病毒病的植株,立即拔除深埋,并及时喷药防治。药剂可选用 20% 病毒 A 可湿性粉剂 500 倍液,或 1.5% 植病灵乳剂 1 000 倍液,或弱毒系 Nl4＋S32,或 NS-83 增抗剂 100 倍液,或抗毒剂 1 号 200～300 倍液,隔 10 天左右 1 次,连续防治 3～4 次。此外,还可用高锰酸钾 1 000 倍液,每升加磷酸二氢钾 3～5 克,尿素 5 克,红糖 5 克混合液,或菌毒清 300 倍液加硫酸锌 300 倍液,7～10 天喷 1 次,连续喷 2～3 次。

(二十一)辣椒黑腐病

【危害症状】　主要生在果实上,产生浅褐色不规则的病斑,病斑10～26毫米。黑腐病的病斑多在日灼的基础上,病斑变薄下陷,以后才逐渐长出黑霉。湿度大时,黑霉扩展,有时布满整个病斑,有时病斑溶合形成更大的病斑。高湿条件下可见危害叶片。

【病原及发生规律】　病原菌为埃利德氏霉,属半知菌亚门真菌。菌落褐色至暗褐色,铺展,具短绒毛。分生孢子梗直或弯,单生,近顶端偶有分枝,暗褐色平滑,具假隔膜3～5个,棍棒形、梨形至舟形。

黑霉病多在果实近成熟或成熟期发生,病菌腐生性强,借空气、土壤传播。光照强,温度高,湿度大的条件下容易发病。

【防治方法】　结合防治炭疽病喷洒50%琥胶肥酸铜可湿性粉剂500倍液,或60%防霉宝超微可湿性粉剂800倍液进行兼治。病情严重时可喷75%百菌清可湿性粉剂600倍液,或58%架霜灵锰锌可湿性粉剂500倍液,或50%苯菌灵可湿性粉剂1500倍液。采收前7天停止用药。

(二十二)辣椒白粉病

【危害症状】　主要危害叶片。开始发生时,在叶背面叶脉向产生一块块薄的霜状霉,以后在长霉处的叶面分布开始褪色,出现浅黄色的斑块。叶背面的白霉长满整个叶片,但叶表面不出现白霉。当病情继续发展时,叶片变黄,容易脱落,严重时全株叶片脱光,仅残留顶部嫩叶,果实不能正常膨大。

【病原及发生规律】　辣椒白粉病原菌属子囊菌亚门内丝白粉菌属真菌。为寄生菌,菌丝在叶组织内蔓延。分生孢子从气孔伸出，在高湿条件下，容易产生芽管。病菌在叶内的潜育期 10～12 天。

白粉病有分生孢子传播。病叶上的分生孢子在干燥状态下可长期存活。分生孢子的形成和发芽适温 25℃左右。相对湿度 80％左右有利发病，但相对湿度低于 25％，也能发生病害。

【防治方法】 合理密植，覆盖地膜，加强棚室温湿度调节，合理施肥灌水，促进植株健壮生长，彻底清除杂草，消灭病原菌来源。

发病初期摘除病叶，立即用药防治，药剂可用 25％粉锈宁可湿性粉剂 1 000～1 500 倍液，或 20％粉锈宁乳油 1 500～2 000 倍液，或 40％多硫悬浮剂 500 倍液，或 25％敌力脱乳油 3 000 倍液，或 12.5％保利可湿性乳性粉剂 3 000～4 000 倍液，或 47％加瑞农可湿性粉剂 600～800 倍液喷布。也可喷洒 10％多百粉尘剂，每 667 平方米 1 000 克。也可用沈阳农业大学生产的烟剂 6 号，每 667 平方米日光温室 350 克熏烟。

五、虫害防治

（一）蚜螨类害虫

1. 蚜虫 蚜虫的种类很多，为害辣椒的蚜虫是桃蚜，又叫菜蚜，俗名蜜虫或腻虫。可为害多种蔬菜，在保护地辣椒生产为害比较严重。

【为害症状】 以成蚜和若蚜在辣椒叶背面和嫩茎上吸取汁液为害，造成叶片生长不良，叶片褪色、枯黄；还能传播病毒，引起病毒病发生，造成的为害远远大于蚜虫本身。

【害虫特征特性】 桃蚜在北方1年发生10余代,由于发育期短,无翅胎生蚜产仔期长,所以世代重叠现象极为严重,以至无法分清世代。

桃蚜多以受精卵在桃树上越冬,翌年在桃树上繁殖几代,再产生有翅蚜迁飞为害;另一种是受精卵或无翅蚜在窖藏大白菜心里越冬,或在菠菜上越冬,翌年春天产生有翅蚜迁飞。在温室无越冬现象。

桃蚜发育起点温度为4.3℃,发育最适温度为24℃。温度过高、过低都受抑制。

【防治方法】 辣椒定植前彻底清除杂草和残株落叶,消灭虫源。在蚜虫点片发生时,摘除虫叶烧毁或深埋,进行药剂防治。药剂可选用50%避蚜雾可湿性粉剂2 000～3 000倍液,或25%阿克泰水分散颗粒剂3 000倍液,或20%灭扫利乳油2 000倍液,或2.5%功夫乳油4 000倍液,或2.5%天王星乳油3 000倍液,或10%吡虫啉可湿性粉剂1 000～1 500倍液,或21%灭杀毙乳油6 000倍液,或40%乐果乳油加醋和水按1∶1∶2 000喷雾。也可用敌敌畏烟剂熏烟防治。

2. 红蜘蛛 红蜘蛛又称朱砂叶螨、棉叶螨,为害多种蔬菜,保护地辣椒上红蜘蛛为害比较普遍。

【为害症状】 红蜘蛛以成螨和若螨群栖在叶背面吸食枝叶,尤以叶片中脉两侧虫量为集中,虫量大时则分布全叶。受害初期叶正面出现白色小斑点,逐渐叶片褪绿成黄白色,严重时叶片变锈褐色,整片叶枯焦脱落,全株枯死,果皮粗糙呈灰白色。

【害虫特征特性】 红蜘蛛属蛛型纲害虫。雌成螨梨形,体长0.5毫米,锈红色或红褐色。体背两侧各有一块长形黑斑,有的斑分两块。雄成螨体长0.3毫米,腹部末端略尖。幼螨蜕皮后为若螨。

红蜘蛛 1 年可发生 10～20 代,发生代数由南向北逐渐减少。以成螨在枯枝落叶下、杂草丛中、土缝里越冬。春天越冬成螨开始活动,并产卵于杂草或其他作物上。在保护地内发生更早,5～6 月间迁至菜田,初期点片发生,逐渐扩展到全田。晚秋随温度下降,便迁往越冬寄主上越冬。朱砂叶螨可孤雌生殖或两性生殖,羽化后的第二天雌虫即可产卵。卵羽化后称幼螨,雌性幼螨经两次蜕皮后变成 2～3 龄若螨,分别称前期若螨和后期若螨,均为 4 对足。雄性幼螨只蜕一次皮,仅有前期若螨。幼螨和前期若螨不活泼,后期若螨活泼贪食,并有向上爬习性。朱砂叶螨一般从下部叶片开始发生,向上蔓延,当繁殖量大时,长在植株顶尖群集用丝结团,滚落地面四处扩散。

朱砂叶螨发生最适温度为 29℃～30℃,相对湿度 35%～55%;温度超过 31℃,相对湿度超过 70% 对其发育不利。植株营养对其发育有影响,叶片含氮量高时虫量大,为害严重。天敌有小花蝽、小黑瓢虫、黑襟瓢虫等。

【防治方法】 及时清除保护地内周边杂草、枯枝老叶,减少虫源。避免干旱,适时适量浇水。氮、磷、钾肥配合使用,不偏施氮肥。

发现红蜘蛛立即喷药防治,可选用的药剂有 73% 克螨特乳油 500 倍液,或尼索朗乳油 3 000 倍液,或 50% 溴螨特乳油 1 000 倍液,或 20% 的双甲脒乳油 100 倍液喷布。

3. 茶黄螨 茶黄螨又叫茶嫩叶螨、茶半跗线螨、侧多跗线螨,主要为害茄果类、瓜类、豆类蔬菜,其中又以茄子、辣椒受害最重。

【为害症状】 成螨、幼螨均可为害。集中在幼嫩叶部位吸食汁液,受害叶片变黑褐色或黄褐色,并出现油渍状,叶缘向下卷曲。嫩茎、嫩枝受害后变褐色、扭曲,严重时顶部干枯。辣椒受害后,植株矮小丛生,落花、落果,形成秃尖,很像病毒病症状。

【害虫特征特性】 茶黄螨为属蛛形纲蜱螨目跗线科螨类害虫。雌成螨体长0.3毫米,体椭圆形,腹末端平截,淡黄色半透明。雄成螨略小,近六角形,末端圆锥形,体淡黄色半透明。幼螨椭圆形,淡绿色。若螨长椭圆形,是静止的生长发育阶段,被幼螨的皮包围。

茶黄螨一年发生多代。南方以成螨在土缝、蔬菜、杂草根际越冬。北方在温室蔬菜上越冬。冬暖地区和北方温室可周年繁殖为害。以两性繁殖为主,也有孤雌生殖的卵孵化率很低。雌虫产卵于叶背或果凹处,散产,一般2~3天可孵化。幼螨期2~3天,若螨期2~3天。

成螨活跃,尤其雄螨活动力强,并可携带雌性若螨向植株幼嫩部分迁移取食。茶黄螨除靠本身爬行扩展外,还可借风远距离传播。此外,秧苗和人均可携带传播。

茶黄螨喜温暖潮湿条件,生长繁殖最适温度为18℃~25℃,空气相对湿度为80%~90%,高温对其繁殖不利,成螨遇高温寿命缩短,繁殖力降低,甚至失去正常的繁殖力。

【防治方法】 清洁田园,消灭杂草,清除残枝落叶,保持棚室清洁,减少虫源。

发现茶黄螨及使用药剂防治,药剂可参照红蜘蛛防治部分。

(二)蛾类害虫

1. 烟草夜蛾 又叫烟青虫,主要为害辣椒和番茄。

【为害症状】 以幼虫为害,保护地春茬辣椒时有发生。一般幼龄幼虫在植株上部食害嫩茎、叶、芽、顶梢;稍大后开始蛀食花蕾、花,3龄以后蛀入果实啃食果肉,果实受害后造成腐烂,严重影响产量和品质。

【害虫特征特性】 烟青虫属鳞翅目害虫。成虫体长15毫米,翅展25~32毫米,淡黄褐色。幼虫老熟时体长约40毫米。体色多变,有淡绿、绿、黄褐、黑紫色。体表不光滑,有小刺。

北方一年发生2代,以蛹在土壤中越冬。翌年6月下旬至7月上旬第一代幼虫盛发期。第二代幼虫盛发期为8月中下旬至9月份,所以8~9月份辣椒受害最重。成虫白天隐蔽,夜间活动,对甜物质和半干杨树枝有趋性。成虫交配、产卵在夜间进行,前期卵多产在叶片和果实上,但存活的幼虫极少。卵散产,偶有2~4粒在一起。幼虫夜间取食为害,初孵幼虫先啃食卵壳,然后取食嫩叶、嫩梢。3龄全身蛀入果实啃食胎座和种子。幼虫有转果为害的习性,每头幼虫可转害3~5个果实。老熟幼虫有假死性,受惊后卷缩坠地。幼虫共6龄,历时11~25天,老熟后入土化蛹。

烟青虫发育程度和食物因子有关,食烟草可全部成活,食辣椒50%成活。辣椒生长势强,叶色深绿,现蕾早的田块落卵率高,幼虫蛀果率也较低。

【防治方法】 秋季翻地可杀死部分越冬虫源。在产卵后,有条件的释放赤眼蜂,或用杀螟杆菌、青虫菌、B.t乳剂等生物农药800~1 000倍液喷雾,杀灭幼虫。

在幼虫2龄以前及时进行药剂防治。药剂可选用2.5%功夫乳油500倍液,或2.5%天王星乳油3 000倍液,或2.5%溴氰菊酯乳油2 500~3 000倍液,或20%速灭杀丁乳油2 500倍液,或10%菊·马乳油1 500倍液喷雾。

2. 温室白粉虱 俗称小蛾子。是保护地茄果类等蔬菜的重要的害虫。此外,对瓜类、豆类蔬菜、花卉为害也很严重。

【为害症状】 以成虫及若虫在叶背面吸取汁液,造成叶片褪色、变黄、萎蔫,严重时甚至枯死。在为害时还分泌大量蜜露,污染叶片和果实,发生煤污病,影响植株的光合作用和呼吸作用。

【害虫特征特性】 温室白粉虱是同翅目害虫。成虫体长1毫米左右,淡黄色,翅覆盖白色蜡粉,若虫扁椭圆形,淡黄色或淡绿色,2龄以后足消失固定在叶背面不动。体表有长短不齐的蜡丝。若虫共3龄,4龄若虫不再取食,固定在叶片上称伪蛹。伪蛹椭圆形,扁平,中央隆起,淡黄绿色,体背有11对蜡丝。

北方温室条件下一年发生10余代,冬季在室外不能越冬。以各种虫态在温室蔬菜上越冬或继续繁殖为害。翌年春天,随菜苗移栽或成虫迁飞,不继扩散蔓延,成为保护地和露地虫源,秋凉后又迁移到温室。

成虫不擅飞,有趋黄性,其次趋绿,对白色有忌避性。随着植株生长,不断向上迁移,卵、若虫、伪蛹留在叶片上。因此,各虫态在植株上分布有一定的规律,一般上部叶片成虫和新产的卵多,中部叶片快孵化的卵和小若虫多,下部老叶片老若虫和伪蛹多。成虫、若虫均分泌蜜露。成虫活动发育适温为 25℃～30℃,40.5℃ 成虫活动力明显下降。若虫抗寒力弱。在温室生产,白粉虱多由秧苗带入。

【防治方法】 培育无虫苗,定植时防止秧苗把白粉虱带进温室。白粉虱发生盛期,用橙黄色板涂 10 号机油诱杀成虫。温室白粉虱初发期及时用药剂防治,药剂可选用 25％扑虱净可湿性粉剂 1 000 倍液,或 2.5％天王星乳油 3 000 倍液,或 20％灭扫利乳油 2 000 倍液,或 2.5％功夫乳油 3 000 倍液,或 50％乐果乳油 1 000 倍液喷雾。此外,用沈阳农业大学研制的烟剂 4 号,每 667 平方米 400 克熏烟。

(三)地下害虫

1. 蝼蛄 俗名拉拉蛄、地拉蛄。各地普遍发生,为害严重。

【为害症状】 以成虫、若虫在土中咬食播下的种子、幼芽,常将幼苗咬断致死。受害的作物根部呈乱麻状。由于蝼蛄活动,将表土层穿成许多隧道,使苗土分离,失水干枯而死,造成缺苗断垄。在保护地由于温度高,蝼蛄活动早,加之幼苗集中,所以受害严重。

【害虫特征特性】 常见的蝼蛄有两种,一种叫非洲蝼蛄,一种叫华北蝼蛄,均属于直翅目害虫。非洲蝼蛄体长 30～35 毫米,灰褐色,全身密布细毛,触角丝状,前胸背板卵圆形,中间有一明显暗红色心脏形凹陷斑。前翅鳞片状,灰褐色,仅达腹部 1/2。腹末具一对尾丝。前足为开掘足,后足胫节背面内侧有刺 3～4 根。华北蝼蛄体型大,体长 36～55 毫米,黄褐色,前胸背板心形凹陷不明显,后足胫节背面内侧仅有一根刺或消失。

非洲蝼蛄在北方 2 年完成 1 代,南方 1 年 1 代。以成虫和若虫在冻土层下,地下水位以上越冬。5 月上旬至 6 月中旬是蝼蛄为害盛期。春季北方阳畦、温室和大、中棚因地温较高,土壤疏松,有机质多,有利于蝼蛄活动,所以为害早且日益严重。华北蝼蛄约 3 年 1 代,卵期 22 天,若虫期 2 年,成虫期 1 年,也以成虫和若虫在土中越冬。

两种蝼蛄昼伏夜出,晚 9～11 时为活动取食高峰,棚室灌水后活动更甚。具有趋光性和喜湿性,对香甜物质,如炒香的豆饼、麦麸、马粪等具有强烈趋性。非洲蝼蛄多发生在低洼潮湿地区,华北蝼蛄多发生在盐碱低湿地区。非洲蝼蛄产卵期约两个月,每头雌虫产卵 60～100 粒,华北蝼蛄可产卵 288～368 粒。

【防治方法】 施基肥(有机肥)一定要充分腐熟。有条件可设置灯光诱杀,对非洲蝼蛄效果更好。利用毒谷和毒饵诱杀是普遍采用的方法。将 15 千克的豆饼、棉籽饼、玉米碎粒炒香,或将 15 千克谷子、秕谷煮至半熟,稍晾干,用 50%辛硫磷乳油,或 25%辛硫磷微胶囊 0.5 千克,加水 500 毫升混拌均匀,做成毒饵或毒谷,每 667 平方米用量 2～3 千克。定植时施于定植穴,或直接施于土表中。在发生蝼蛄为害时,施于隧道口。育苗床发现蝼蛄,用开水加少量豆油,水温降到25℃左右时,用细嘴水壶,向蝼蛄钻成的隧道慢慢注入,蝼蛄即可钻出地面,容易捕捉。

2. 地老虎 又名切根虫、截虫。各地均有发生,为害多种蔬菜。

【为害症状】 地老虎幼虫咬断蔬菜幼苗近地面的茎部,使整株枯死,造成缺苗断垄,为害严重。

【害虫特征特性】 地老虎属鳞翅目害虫。成虫体长16～23 毫米,暗褐色。前翅由内横线、外横线将全翅分为三段,具有显著的肾状斑、环状纹、剑状纹,肾状斑外有 1 个尖端向外的楔形黑斑,亚缘线内侧有两个尖端向内的楔形黑斑。幼虫黑褐色,老熟幼虫体长 37～47 毫米,体表粗糙,密布大小不等的颗粒。腹部末节的臀板黄褐色,有对称的两条深褐色纵带。

北方 1 年发生 2～3 代,向南代数逐渐增加。淮河以北地区不能越冬,长江流域以老熟幼虫及成虫越冬。华南则全年繁殖为害。

成虫对黑光灯和糖、酒、醋混合液有强烈趋性。成虫昼伏夜出,产卵以19～20时最盛。卵多产在灰菜、刺儿菜、小旋花等杂草幼苗叶背和嫩茎上,也可产在番茄、辣椒叶片上。每雌虫可产卵800～1 000粒。幼虫共6龄,1～3龄幼虫可将地面上叶片咬成孔洞或缺刻,4龄后幼虫能咬断幼苗的根茎。3龄后幼虫有自残性,老熟幼虫有假死性,受惊缩成环形。老熟幼虫潜入地下3厘米处化蛹。

【防治方法】 早春铲除田间、地头、路边、渠旁杂草,并集中处理,可消灭产于杂产于杂草中的卵和孵化的幼虫。

成虫期利用黑光灯诱杀或糖、酒、醋混合液诱杀成虫。当发现地老虎为害时,可在清晨捕捉幼虫。在幼虫1～2龄时,抓紧时间用药剂防治。可选用的药剂有20%杀灭菊酯乳油2 500～3 000倍液,或20%菊·马乳油3 000倍液,或90%晶体敌百虫1 000倍液喷布。也可喷撒2.5%敌百虫粉,或撒施毒土(50%对硫磷乳油100克加水1 500毫升拌土15千克)。

幼虫为害地表的根茎时,可用毒饵诱杀,方法同蝼蛄防治。也可用鲜草、菜叶毒饵诱杀,用菜叶或灰菜、苦苣菜50千克切成1.5厘米长,拌上90%晶体敌百虫500克,加水250毫升,于傍晚撒施于植株根际,每667平方米15～20千克。

3. 蛴螬 蛴螬是金龟子的幼虫,俗称白地蚕、白土蚕、蛭虫。在我国分布极广,以北方发生更为普遍。

【为害症状】 蛴螬在地下咬食萌发的种子,咬断幼苗根茎,致使全株死亡,造成缺苗断垄。

【害虫特征特性】 老熟幼虫体长35～45毫米,多皱褶,时弯成C形。臀节粗大,头部黄褐色,腹背部乳白色。成虫体长16～22毫米,体黑色或黑褐色,小盾片近半圆形。鞘翅椭圆形有光泽,每侧各有 4 条明显的纵肋。前足胫节外侧具 3 个齿,同侧 1 距。

蛴螬在北方多为 2 年 1 代,以幼虫和成虫在土壤不冻层中越冬。5～7 月份成虫大量出现,6 月中下旬是产卵盛期,7 月中旬为孵化盛期。10 月中下旬幼虫开始下移,一般在55～145 厘米深土层中越冬。越冬幼虫翌年 5 月上旬到地表为害幼苗的根、茎等地下部分。为害盛期在 5 月下旬到 6 月上旬。7 月中旬至 9 月中旬为羽化高峰。成虫当年不出土翌年 4 月下旬出土活动。

成虫白天藏在土中,黄昏后出土活动,20～21 时为取食、交尾活动盛期。成虫有趋光性和假死性,对未腐熟的厩肥有强烈的趋向性。成熟雌虫每头可产卵 100 粒左右。幼虫在土中垂直活动,与土壤温、湿度关系密切,一般在地下 10 厘米地温达 5℃ 时开始向地表活动,13℃～18℃ 时活动最盛,23℃ 以上则往深土转移。土壤湿润时活动性强。

【防治方法】 适时秋耕,可将部分成虫、幼虫翻到地表,使其风干、冻死或被天敌捕食,减少虫量。施用粪肥前先筛出其中的蛴螬;发现秧苗被害可挖出根际附近的幼虫;利用成虫的假死性,在其停落的作物上捕杀。利用寄生菌金龟子乳状菌、卵孢白僵菌、绿僵菌等进行生物防治。用 50% 辛硫磷乳油 150 克加水 3 千克,拌细沙或炉渣 25 千克,种子和药土混施;或用 2.5% 敌百虫粉剂,每 667 平方米 2～3 千克,加细干土 30 千克,充分拌匀穴施;或用 50% 的辛硫磷乳油 1 000 倍液,或用 80% 敌百虫可湿性粉剂 1 000 倍液,喷洒或灌根,一般每株灌 0.25 千克。

附录 部分辣椒品种育种、供种单位及联系方式

详见附表。

附表 部分辣椒品种育种、供种单位及联系方式

育种、供种单位	单位地址、邮政编码	代表辣椒品种	联系电话	传 真	公司网址
辽宁园艺种苗育有限公司	沈阳市东陵路 84 号 (110161)	辽椒系列	024－8815898		http://www. yuanyizm. jnn. cn/
沈阳市农业科学研究院	辽宁省沈阳市于洪区黄河北大街 96 号 (110034)	沈椒系列	024－86526705	024－86526705	http://www. syseed. cn
北京中蔬园艺良种研究开发中心	中关村南大街 12 号 中国农业科学院蔬菜花卉研究所开发处 (100081)	中椒系列	010－82109544, 010－62119631, 010－62146129	010－62194588	http://seed. aweb. com. cn/zt/10/
瑞克斯旺（青岛）有限公司	山东省青岛市城阳区上马街道正阳西路 (266112)	37－72、迅驰 (37－74)、斯丁格 (37－76) 及辣椒嫁接砧木	0532 － 87817778, 0532－87817775	0532-87817773, 0532 － 87817771	www. rijkzwaan. cn

续附表

育种、供种单位	单位地址、邮政编码	代表辣椒品种	联系电话	传真	公司网址
先正达种子（中国）	北京市朝阳区东四环中路56号远洋国际中心A座20层(100025)	红罗丹等彩色甜椒系列	010—65506888 0536—5058698	010—65506899 0536—5058696	http://www.syngenta-china.com/news/news.asp
北京京研益农科技发展中心	北京2443信箱(100097)	国禧系列甜椒，国福系列，京莱系列辣椒，橙星2号等彩椒系列，辣椒嫁接砧木	010—51503157/58/59 010—51503042/43	010—88445636	http://www.jyseeds.com/
北京高农业技术推广站	北京市朝阳区惠新里高原街4号	黄玛瑙等彩椒系列	010—8463860	010—84638208	http://www.binjig.com.cn/
隆平高科湘研蔬菜种苗分公司	湖南省长沙市马坡岭(410125)	湘研系列辣椒	0731—4691977 0731—4691298	(0731)4081223	
海泽拉农业技术服务（北京）有限公司	北京市朝阳区建国门外大街18号嘉华世纪国际公寓D座601—602室(100022)	考曼奇等彩椒	010—65150761 010—65150850	010—65150719	http://www.hazera.com.cn

育种、供种单位	单位地址、邮政编码	代表辣椒品种	联系电话	传真	公司网址
东方正大种子有限公司	北京经济技术开发区康定街1号A—1(100176)	威狮1号	86—10—67810666 1379266238	86—10—6781068	
河南郑州太空种苗开发部	河南郑州杨槐种子市场7排9号	太空甜椒T100	0371—65129428	13938465848	
合肥丰乐辣椒种业(集团)股份有限公司	安徽省合肥市长江西路501号丰乐大厦	丰椒系列	(0551)2239955	(0551)2239957	http://www.fengle.com.cn
河南红绿辣椒种业有限公司	郑州市商城路科瑞大厦719室(450004)	汴椒1号等	0371—66313186	0371—66313186	http://hnhllj.b2b.cn/
北京市海淀区植物组织培养技术实验室	北京海淀区植物组织培养技术实验室	海丰23号等	010—62883936	010—62882862	
河北省农林科学院蔬菜花卉研究所	河北省石家庄市裕华东路(050000)	冀研系列甜椒	0311—87823030		
天津科润农业科技股份有限公司	天津经济技术开发区第四大街80号天大科技园A2座8层(300457)	津椒系列	(022)59816811	(022)59816822	http://www.tjkr.com.cn

金盾版图书,科学实用,
通俗易懂,物美价廉,欢迎选购

怎样种好菜园(新编北
方本修订版)   19.00 元
怎样种好菜园(南方本
第二次修订版)   13.00 元
菜田农药安全合理使用
150 题   7.50 元
露地蔬菜高效栽培模式   9.00 元
图说蔬菜嫁接育苗技术   14.00 元
蔬菜贮运工培训教材   8.00 元
蔬菜生产手册   11.50 元
蔬菜栽培实用技术   25.00 元
蔬菜生产实用新技术   17.00 元
蔬菜嫁接栽培实用技术   12.00 元
蔬菜无土栽培技术
操作规程   6.00 元
蔬菜调控与保鲜实用
技术   18.50 元
蔬菜科学施肥   9.00 元
蔬菜配方施肥 120 题   6.50 元
蔬菜施肥技术问答(修
订版)   8.00 元
露地蔬菜施肥技术问答   15.00 元
设施蔬菜施肥技术问答   13.00 元
现代蔬菜灌溉技术   7.00 元
城郊农村如何发展蔬菜
业   6.50 元

蔬菜规模化种植致富第
一村——山东省寿光
市三元朱村   10.00 元
种菜关键技术 121 题   17.00 元
菜田除草新技术   7.00 元
蔬菜无土栽培新技术
(修订版)   14.00 元
无公害蔬菜栽培新技术   11.00 元
长江流域冬季蔬菜栽培
技术   10.00 元
南方高山蔬菜生产技术   16.00 元
南方蔬菜反季节栽培设
施与建造   9.00 元
夏季绿叶蔬菜栽培技术   4.60 元
四季叶菜生产技术 160
题   7.00 元
绿叶菜类蔬菜园艺工培
训教材   9.00 元
绿叶蔬菜保护地栽培   4.50 元
绿叶菜周年生产技术   12.00 元
提高绿叶菜商品性栽培
技术问答   11.00 元
绿叶菜类蔬菜病虫害诊
断与防治原色图谱   20.50 元
绿叶菜类蔬菜良种引种
指导   10.00 元

绿叶菜病虫害及防治原色图册	16.00 元
根菜类蔬菜周年生产技术	8.00 元
绿叶菜类蔬菜制种技术	5.50 元
蔬菜高产良种	4.80 元
根菜类蔬菜良种引种指导	13.00 元
新编蔬菜优质高产良种	19.00 元
名特优瓜菜新品种及栽培	22.00 元
蔬菜穴盘育苗	12.00 元
蔬菜育苗技术	4.00 元
现代蔬菜育苗	13.00 元
蔬菜茬口安排技术问答	10.00 元
蔬菜间作套种新技术（北方本）	17.00 元
豆类蔬菜园艺工培训教材	10.00 元
瓜类豆类蔬菜良种	7.00 元
瓜类豆类蔬菜施肥技术	6.50 元
瓜类蔬菜保护地嫁接栽培配套技术 120 题	6.50 元
瓜类蔬菜园艺工培训教材（北方本）	10.00 元
瓜类蔬菜园艺工培训教材（南方本）	7.00 元
菜用豆类栽培	3.80 元
食用豆类种植技术	19.00 元
豆类蔬菜良种引种指导	11.00 元
豆类蔬菜栽培技术	9.50 元
豆类蔬菜周年生产技术	14.00 元
提高豆类蔬菜商品性栽培技术问答	10.00 元
豆类蔬菜病虫害诊断与防治原色图谱	24.00 元
日光温室蔬菜根结线虫防治技术	4.00 元
豆类蔬菜园艺工培训教材（南方本）	9.00 元
南方豆类蔬菜反季节栽培	7.00 元
四棱豆栽培及利用技术	12.00 元
菜豆豇豆荷兰豆保护地栽培	5.00 元
菜豆标准化生产技术	8.00 元
图说温室菜豆高效栽培关键技术	9.50 元
黄花菜扁豆栽培技术	6.50 元
日光温室蔬菜栽培	8.50 元
温室种菜难题解答（修订版）	14.00 元

以上图书由全国各地新华书店经销。凡向本社邮购图书或音像制品，可通过邮局汇款，在汇单"附言"栏填写所购书目，邮购图书均可享受 9 折优惠。购书 30 元（按打折后实款计算）以上的免收邮挂费，购书不足 30 元的按邮局资费标准收取 3 元挂号费，邮寄费由我社承担。邮购地址：北京市丰台区晓月中路 29 号，邮政编码：100072，联系人：金友，电话：(010)83210681、83210682、83219215、83219217(传真)。

覆盖防虫网

覆盖草苫

温室通风筒

及时清扫积雪

1

辣椒穴盘育苗

辣椒营养块育苗

塑料大棚
栽培辣椒

温室辣椒大小
行定植

2

辣椒病毒病

辣椒白粉病

辣椒灰霉病病果

辣椒灰霉病病株

辣椒脐腐病

3

辣椒日灼病

辣椒疫病植株

蚜虫为害生长点

蚜虫为害果实

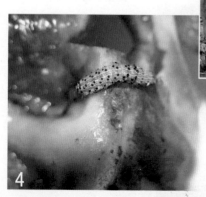

烟青虫

4